新编电视机实训项目教程

XINBIAN DIANSHIJI SHIXUN XIANGMU JIAOCHENG

主　编　刘文广

副主编　李安华　张正武　谢　龙

编　委　代明旺　李安华　蒋　军　王永国

　　　　唐　剑　赖　春　彭　瑜　黄　志

　　　　李胜能　姚　舵　刘其荣　卢　峰

企业技师代表:刘其荣、蒋军(中江县五星家电服务公司的电视机维修技师)及卢峰(长虹快益点公司),负责维修部分指导编辑。

U0316101

中国海洋大学出版社

·青岛·

图书在版编目(CIP)数据

新编电视机实训项目教程/刘文广主编. —青岛:中国海洋大学出版社,2019.6

ISBN 978-7-5670-2284-3

Ⅰ. ①新⋯　Ⅱ. ①刘⋯　Ⅲ. ①电视接收机－高等职业教育－教材　Ⅳ. ①TN949.1

中国版本图书馆 CIP 数据核字(2019)第 131267 号

出版发行	中国海洋大学出版社		
社　　址	青岛市香港东路 23 号	邮政编码	266071
出 版 人	杨立敏		
网　　址	http://pub.ouc.edu.cn		
电子信箱	wangjiqing@ouc-press.com		
订购电话	0532-82032573		
责任编辑	王积庆	电　　话	0532-85902349
印　　制	北京虎彩文化传播有限公司		
版　　次	2019 年 6 月第 1 版		
印　　次	2019 年 6 月第 1 次印刷		
成品尺寸	185 mm×260 mm		
印　　张	10.5		
字　　数	236 千		
定　　价	39.00 元		

内容简介

本教程主要让学生学习电视机技术，主要包括了认识常见电视机、电视机的基本原理、CRT 彩色电视机、液晶电视机(LCD)的主要电路及元器件，介绍了彩色电视机的新技术，认识液晶电视机、等离子电视机(PDP)、数字电视机(DTV 或 HDTV)和智能网络 3D 电视机等。组装调试超级芯片 CRT 彩色电视机，对彩色电视机的故障进行分析、检测与维修，对新型平板电视机、网络 3D 电视机会判断简单故障和正确调试与使用。本书主要通过实物认识与电路简单分析提升学生的检测、分析与维修电视机的能力，利用项目教学，突出"做中学、做中教"。

(一)课程目标

1. 熟悉黑白电视信号、彩色全电视信号、数字电视信号。

2. 能熟练识别电视机的元器件、单元电路，了解其工作原理。

3. 会对 CRT 彩色电视机的元器件进行检测、会组装与调试 LA76931 超级芯片彩色电视机。

3. 熟练检测、分析与维修电视机的电源电路。

4. 会进行高频调谐电路、预中放电路、中频信号处理电路、彩色解码、伴音电路、遥控电路的检测与检修。

5. 熟练检测、分析与维修行场扫描电路、视放输出电路。

6. 会使用与调试现代智能家居中的液晶电视机、等离子电视机、智能网络 3D 电视机。

7. 会对液晶电视机等进行简单故障进行板块级维修。

(二)计划课时数:122 课时

(三)授课方式及计划

采用理实一体化，以任务为驱动，以典型工作任务为载体的项目教学。

项目	任务		课时
项目一 电视技术基础	任务一　认识电视机		2
	任务二　认识电视技术基础	活动一　认识光—电转换	2
		活动二　认识声—电转换	1
		活动三　认识电视信号的传输	1
		活动四　认识电—光转换	1
		活动五　认识电—声转换	1
		活动六　认识扫描信号	2
		活动七　认识同步信号	2
		活动八　认识图像与伴音信号	2
		活动九　认识频道与频率	1
	任务三　黑白电视机原理电路		1

续表

项目	任务		课时
项目二 CRT 彩色电视机	任务一 认识彩色电视信号		4
	任务二 彩色电视机的基本原理		4
	任务三 LA76931 超级单片彩色电视机整机结构		4
	任务四 康佳 P21SA390 彩电电路分析	活动一 认识开关电源	2
		活动二 认识频率合成高频调谐器	2
		活动三 认识 LA76931 遥控及控制系统	2
		活动四 认识 LA76931 对电视信号的处理	2
		活动五 认识康佳 P21SA390 行、场输出电路	2
		活动六 康佳 P21SA390 伴音音频放大电路	2
	任务五 "SA"系列超级芯片机芯典型故障分析	活动一 控制系统故障的检修	2
		活动二 图像伴音系统故障检修	2
		活动三 行、场扫描系统故障检修	2
项目三 CRT 彩色电视组装、调试与检修	任务一 实训用 LA76931 机芯的组装		8
	任务二 开关电源的调试与检修		4
	任务三 扫描电路的调试与检修		2
	任务四 色度、亮度通道的调试与检修		2
	任务五 公共通道的调试与检修		2
	任务六 伴音通道的调试与检修		2
	任务七 分立元件末级视放电路的调试与检修		4
	任务八 调谐电路板的调试与检修		2
	任务九 整机的总装		6
	任务十 彩色电视机的整机调试		6
	任务十一 综合故障检修		4
项目四 彩电新技术及平板电视机	任务一 认识大屏幕彩电新技术	活动一 认识大屏幕彩色显像管	2
		活动二 认识彩色电视机画质改善电路	2
	任务二 液晶电视		16
	任务三 等离子电视		2
	任务四 投影技术		2
	任务五 数字电视技术		2
	任务六 数字电视机顶盒		2
	任务七 3D 电视		2
	任务八 智能电视		2
	任务九 认识液晶电视机的实物电路		2
机动	参观、维修实训		40
合计			162

前　　言

根据 2002 年《国务院关于大力推进职业教育改革与发展的决定》，结合 2008 年《教育部关于进一步深化中等职业教育教学改革的若干意见》等章程，并在认真研讨和总结"项目"教学法，参照教育部教学指导方案的基础上，为进一步提高技能实训课的有效性，我们特组织经验丰富，教学水平、学术水平极高的专业课教师和行业专家、家电维修技师，共同编写了这本《新编电视机实训项目教程》。

本套教材注重实用性，突出学习电视机技术的循序渐进，从黑白电视机到 CRT 彩色电视机、液晶电视机、等离子电视机、智能网络 3D 数字电视机等，通过认识基本电路及元器件，组装调试超级芯片的单片 CRT 彩色电视机，拆装平板电视机等，熟悉彩色电视机电路的检测与维修，达到"学得会，能维修"的目的。让学生在"做中学"，老师在"做中教"，达到真正敢动手、敢做事的教学效果。

本项目实训教材为提升教学的有效性，结合中职教育的实际，编写时突出了以下特色：

1. 项目设置明确，任务要求具体，可操作性强。

2. 严格遵循"做中学、做中教"的原则。突出了"做"这一职业教育特色，重视形象思维训练，强化训练了学生的动手能力。

3. 遵循了方向性专业人才培养模式，培养符合行业和社会对专门化需求的人才。

4. 突出"项目实训评价"。评价是项目教学的重要环节，评价有内容、有标准、有结果。通过"学生自评、互评，老师评定"，给出学分，作为评判学生是否能参加"技能等级证"考试的重要依据。

由于电视机技术的迅猛发展，我们选择的机型和机芯有限，但是我们更加突出以点带面，重在方法与基本技能的教学。

参加本教材编写的人员：四川省中江县职业中专学校的代明旺、谢龙（前言），李安华、王永国、彭瑜（项目一、项目二），张正武、蒋军、黄志（项目三），唐剑、赖春、李胜能（项目四的任务 1—4），姚舵、刘其荣、卢峰（项目四的任务 5—9）。本书由刘文广担任主编，谢龙、李安华、黄志统稿，在此一并表示感谢。

由于编者学识有限，书中疏漏之处在所难免，殷切希望读者给予批评指正和提出修改建议。

在此，对全体参与此项编写工作人员的辛勤付出表示真诚的谢意。

编　者

2019 年 3 月

目　　录

项目一 电视技术基础

教学目标

1. 认识常见电视机的外观及特点。
2. 熟悉 CRT 显像管电视机的基础知识。
3. 熟悉我国电视制式基本参数。
4. 了解黑白电视的基本原理方框。

任务一 认识电视机

活动一 认识电视机的作用

电视机已经是我们生活中不可缺少的常用娱乐设备,要想知道外面的世界,小小荧屏就可以把偌大的世界尽放眼前。那电视机究竟是一个什么电子设备呢?

电视机就是接收电视信号,对电视信号进行放大、解调,利用显示屏还原图像,利用扬声器(喇叭)还原声音的电子设备。

观察正常收看电视节目,需要哪些操作?

连接电源——连接信号源(可以选择连接的信号源有:闭路电视线高频电视信号 TV 信号、天线的 RFTV 信号、AV 连接线的音视频 AV 信号、VGA 连线的 VGA 信号、S 端子连接的 S 信号、P 端子的 Pr 和 Pb 逐行色差信号、HDMI 线的高清数字电视信号、USB 连接接口、网线连接等,选择其中一种连接)——开电源(打开电源开关或者用遥控器按电源键,使待机状态的电视机进入工作状态)——用遥控板或本机面板按键选择信号源——正常收看电视节目。

活动二 认识常见电视机的类别

观察下列图片,说出这些电视机的类别,熟悉其外形和特点。

1. CRT 电视机

CRT 电视机也叫真空阴极射线管电视机,分为黑白电视机(见图 1-1)和彩色电视机(见图 1-2、图 1-3)。其基本原理是利用电子枪发出电子,经高压加速和偏转线圈的磁场作用,高速轰击荧光粉发光,并沿荧光屏左右、上下运动,显示图像。2015 年后,就没有新生产的 CRT 电视机了。

图 1-1 黑白电视机　　　　图 1-2 显管彩色电视机(CRT)

图 1-3 纯平显像管彩色电视机

2. 液晶电视机(LCD 电视机)

液晶电视机是利用一种特殊物质液晶的透光特性,在图像信号的控制下,将背光源的光透射出来,显示图像。根据背光源不一样,分为冷阴极射线管 CCFL 背光源液晶电视机和发光二极管 LED 背光源的 LCD 电视机,如图 1-4 所示。

图 1-4 液晶彩色电视机(LCD)

3.投影电视机

投影电视机分为背投影电视机(见图1-5)和前投影电视机(见图1-6)。背投影电视机现已基本淘汰,前投影电视机现在使用较多。

图1-5　背投影彩色电视机　　　　　图1-6　前投影电视机

4.激光投影电视机

激光投影电视机也属于前投影电视机,只是它采用了激光投影管,灯泡使用寿命长,不受外部灯光影响,投影距离短,投影面积大,是一种新型的可以家用的投影电视机,如图1-7所示。

图1-7　激光投影电视机

5.等离子电视机(PDP)

利用等离子气体在信号电压下发光作显示器件的电视机(见图1-8),由于其耗电量大,比较笨重,2015年后就基本没有新生产的等离子电视机了。

图1-8　等离子彩色电视机(PDP)

6. 3D 电视机

具有 3D 效果和功能的电视机（见图 1-9）。

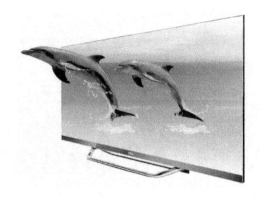

图 1-9　3D 电视机视觉效果

7. OLED 电视机

利用发光二极管在信号电压作用下发光作显示器的电视机，是目前最先进的电视机（见图 1-10、图 1-11）。

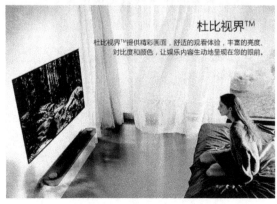

图 1-10　OLED 彩色电视机

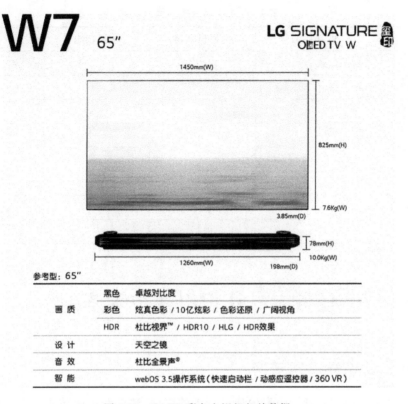

图 1-11　OLED 彩色电视机相关数据

活动三　了解电视机的发展历史

可以在网上搜索了解"电视机的发展历史"。

从 1925 年英国人贝尔德发明了第一台真正意义的电视机以来,电视机技术和电视技术发展迅猛。电视机经历了从电子管黑白 CRT 电视机——晶体管黑白、彩色 CRT 电视机——小规模集成电路黑白、彩色 CRT 电视机——中规模集成电路的黑白、彩色 CRT 电视机——大规模集成电路彩色 CRT 电视机——超级芯片的彩色 CRT 电视机——大屏幕纯平显像管彩色 CRT 电视机——液晶 LCD 电视机、等离子 PDP 电视机等平板电视机——网络、智能、3D、数字电视机 DTV——OLED 电视机等。无论从数量还是技术水平都提升很快,从最早的奢侈品到普及为百姓家庭的必要生活电子产品,为我们的生活带来更加丰富多彩的娱乐享受。电视技术也从提供黑白电视节目——彩色电视节目——数字电视节目到网络电视节目、互动电视节目等迅速发展。

活动四　了解电视机的品牌和种类

带学生到实训室或家电卖场,让学生熟悉现在市场的主流电视机的品牌和种类。或者让学生课外到家电卖场去调查电视机的品牌、种类、主要功能等,并将调查或观察的内容填入表 1-1 中。

表 1-1　主流电视机品牌和种类

生产厂家	电视机型号	电视机种类	主要功能	价格

任务二　认识电视技术基础

活动一　认识光—电转换

将一幅活动图像和声音远距离的传送到人的眼前,这就是电视技术。整个过程包括电视摄像及电视信号的形成(光—电、声—电转换)、电视信号传输(无线、有线、卫星信道)、电视信号接收和还原(电—光、电—声转换)等。

一、光—电转换

光—电转换:摄像管或摄像头将景物画面的光信号变成视频电信号的过程。这个视频电信号就叫图像信号。

二、模拟摄像机的光电转换的原理

图 1-12 是摄像机的实物图,摄像机分为模拟摄像机和数字摄像机。以模拟摄像机为例,图 1-13(a)是光电管结构图,它主要由光电靶和电子枪两部分组成,外套有偏转、聚焦、校正线圈。被摄景物通过摄像机的光学系统在光电靶上成像。光电靶是由光敏半导体材料制成的,这种光敏材料在光照强时电阻值小,流过的电流大;光照弱时电阻值大,流过的电流小,光电靶将景物变换成随亮暗变化的电信号。图 1-13(b)是光电靶光电转换的原理图。摄像管阴极发出的电子束在偏转线圈的作用下按照从左到右、自上而下的顺序依次扫描光电靶面的每一个单元,将靶面图像分解成一个个像素,通过这种电子束扫描的方式将空间光信号转换时序的电信号。像素亮度不同流过回路的电流不同,C 点输出的电信号就反应了图像的亮暗。图像亮时电平低,图像暗时电平高,即输出的视频信号电压高低与图像的亮暗成反比的叫负极性图像信号,电视技术广泛采用的是负极性图像信号。反之,叫正极性图像信号。

图 1-12　摄像机

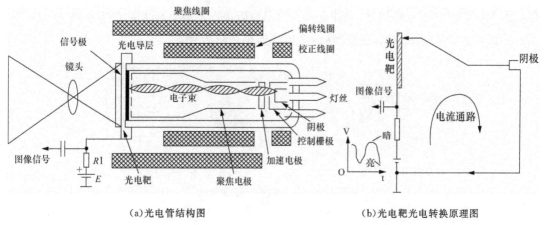

（a）光电管结构图　　　　　　　　（b）光电靶光电转换原理图

图 1-13　摄像管的光—电转换图

三、数字摄像机的光—电转换原理

数字摄像机的感光元件分为 CCD 和 CMOS 两大类。CCD（Charge Coupled Device）即电荷耦合器件图像传感器，它是由一种高感光度的半导体材料制成，能把光线转变成电荷，通过模数转换器芯片转换成数字信号。CMOS（Complementary Metal-Oxide Semiconductor）即互补性氧化金属半导体和 CCD 一样同为在数码摄像机中可记录光线变化的半导体。采用矩阵扫描，如图 1-14 中的 x3 和 y3 的交界处是感光器件就是摄像机，如果交界处是发光或者透光器件则是显示器。行线 X 和列线 Y 构成一个矩阵，通过 CPU 控制，可以将一幅画面的每个像素转换成时序电信号，再经过数模转换（DA 转换）输出数字电视信号。

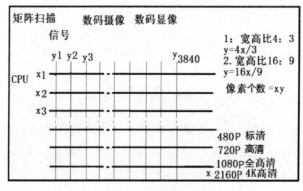

图 1-14　矩阵扫描

活动二 认识声—电转换

声—电转换:利用话筒将声音信号变成音频电信号的过程。

图 1-15(a)是动圈话筒结构图,它主要由振膜、音圈、永久磁铁等组成。振膜和音圈相连,音圈镶嵌在永久磁铁中,声波使振膜运动而带动音圈作切割磁力线产生音频信号。升压变压器将微弱的音频信号电压升高,从而减少线路损耗。

图 1-15(b)是驻极体话筒结构图,它内部主要由驻极体头和场效应管组成。声波引起驻极体头薄膜振动产生音频信号,因驻极体头输出内阻极高不能与放大器直接相接,所以只能通过二极管和场效应组成的阻抗变换放大电路输出音频信号。

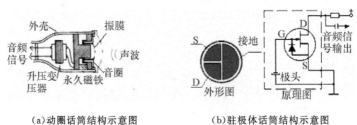

(a)动圈话筒结构示意图　　(b)驻极体话筒结构示意图

图 1-15　话筒的声—电转换图

活动三 认识电视信号的传输

电视信号传输的方式主要有以下四种。

一、无线信号传输

将图像信号和音频信号经高频载波的调制后由天线发射出去。图像信号为调幅信号,伴音信号为调频信号,如图 1-16 所示。

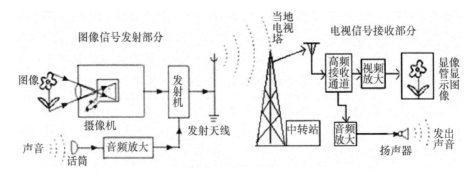

图 1-16　无线信号电视发射接收示意图

摄像机将图像信号(视频信号)、话筒将音频信号通过发射机进行高频调制后经天线发射出去,经电视台接收中转后由电视机接收,每隔一定距离需要差转站,早期电视广播发射系统采用这种方式。

这种传播方式的优点是有一定覆盖范围。缺点是传播距离不太远,易受障碍物阻挡,每隔一定距离需要差转站,信号质量不高。

二、卫星信号传输

图 1-17 是卫星信号传输示意图。中央台、省台电视节目信号经卫星节目中心处理后的数字或模拟电视信号,以 14GHz 的上行载波发射到离地球 36000 千米的地球同步轨道上的通信卫星,再通过同步通信卫星上的转发器以 12GHz 的下行载波发射向地面,地面接收站或卫星接收天线接收后传输给卫星电视接收机,处理后的电视信号以 AV 信号或者 RF 信号送给电视接收机。

这种传输方式的优点是信号覆盖范围广,不受地域限制,三颗同步通信卫星就可以实现全球同步直播。缺点是信号较弱,需要专用天线和接收机,由于信号加密,且接收机要随卫星的参数改变要不断升级。

图 1-17　卫星信号传输示意图

三、有线电视信号传输(CATV 系统)

图 1-18 是有线电视信号传输示意图。当地电视节目收转站通过卫星地面接收天线接收后,再通过有线电缆或者光纤将信号传输到用户,利用闭路电视机顶盒接收后,以 AV 信号或者 HDMI 信号方式传输给电视机。在城镇一般采用这种方式传输,这种传输方式的优点是信号稳定质量好,但节目数受收转站控制,并要付费。缺点是安装线路和维护成本高,要定期缴费。

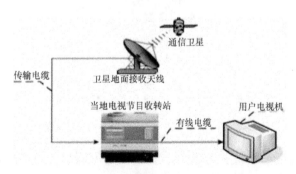

图 1-18　有线电视信号传输示意图

四、视频信号传输

图 1-19 是摄像、录像、DVD(VCD)机与电视机视频连接示意图。电视信号不用高频调

制,通过视频、音频接口经 VIDEO(视频)和 AUDIO(音频)连接线传输给电视机。该方式传输距离有限,但图像质量好,但是传输距离不能太长。

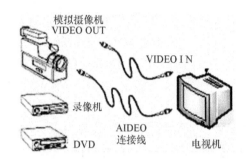

图 1-19 摄像、录像、DVD 机与电视机视频连接示意图

活动四 认识电—光转换

一、电—光转换

电视机在接收到电视信号后,显示屏将时序电信号转换成空间光信号的过程,就叫电—光转换。不同的显示器件完成电—光转换的方式不一样。

二、CRT 显像管的电光转换

以最简单的黑白显像管为例,图 1-20 是黑白显像管的基本结构示意图,主要由电子枪、荧光屏和外套偏转线圈组成,它属 CRT 阴极射线显示器,是基于阴极射线发光技术来显示成像的。阴极射线发光是指发光体在高速电子(即阴极射线)的轰击下激发荧光粉而发光。其中电子枪在加速电场作用下产生高速电子束,轰击屏幕上的荧光粉发光而形成一个亮点。亮点的大小代表了图像像素的大小。电子束在两组外套偏转线圈产生的磁场作用下做从左到右、自上而下的运动,扫描整个荧光屏形成光栅。

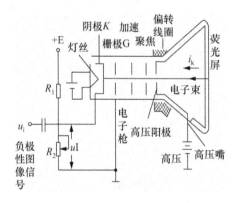

图 1-20 黑白显像管结构示意图

黑白显像管只有一个阴极,属一种窄束强流型电子束管,其基本工作原理是:电子枪发射出的电子束被加在电子枪栅极和阴极上的视频电信号调制后,经过加速、聚焦、偏转扫描、

复合发光等一系列过程最终变成荧光屏上按空间分布的、亮度随电信号强弱而变化的相应的光信号,在荧光屏上呈现与原被摄景物几何相似、明暗对应的适合人眼视觉特性要求的光学图像。

彩色显像管有三个电子枪,分别重现红、绿、蓝三幅图像,利用空间相加混色,将三幅图像合成一幅跟原彩色画面相同的图像。

LCD、PDP、OLED 显示器的电—光转换原理,将在后面章节中介绍。

活动五 认识电—声转换

电声转换:利用喇叭将音频电信号还原成声音。

图 1-21 是喇叭发声示意图,它由永久磁铁、音圈和纸盆组成,基于通电导线在磁场中会运动的原理。音圈套在永久磁铁中,通过音频电流,音圈会随着音频电流的变化而运动。音圈与纸盆相连,带动纸盆运动振动空气而发出声音,完成电声转换。

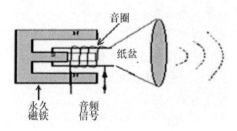

图 1-21 喇叭发声示意图

活动六 认识扫描信号

一、电子束扫描

电子束扫描是指电子束在显像管荧光屏面上按一定规律做周期性运动。在显像管中,电子束从左到右、自上而下一行行的扫描,将每个像素的电信号恢复为光信号而重现原图像。分为隔行扫描(Interlaced Scanning,缩写为 i)和逐行扫描(Progressive Scanning,缩写为 p)两种。隔行扫描是将一幅图像分成两场来扫面,先扫描 1、3、5…等奇数行扫描出奇数场图像,再扫描 2、4、6…等偶数行扫描出偶数场图像,两场图像叠加成一帧图像,早期电视制式都采用这种方式。隔行扫描示意图如图 1-22 所示。

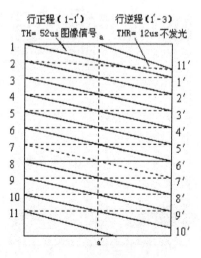

图 1-22 隔行扫描示意图

二、我国电视制式的扫描参数

行扫描:电子束沿水平方向从左至右来回地扫描。

行周期:电子束沿水平方向来回扫描一次所需的时

间。我国电视制式规定,行周期 $T_H = 64\mu s$,行频频率 $f_H = 15625Hz$。

行正程:扫描线从左至右$(1-1')$这一段,电子束扫描图像。行正程时间为 $T_{HS} = 52\mu s$,传送图像。

行逆程:扫描线从右至左$(1'-3)$这一段,电子束截至不传送图像。行逆程时间$THR = 12\mu s$。

行消隐脉冲:使行扫描逆程时不发光,消除行的回扫线。

场扫描:电子束在垂直方向自上而下来回地扫描。

场周期:电子束在垂直方向来回地扫描一次所需要的时间。场周期 $T_V = 20ms$。场频频率 $f_V = 50Hz$。

场正程:扫描线从上往下的扫描,电子束扫描图像。场正程 $T_{VS} = 18.4ms$。

场逆程:扫描线从下往上的扫描,电子束截至不传送图像。场逆程 $T_{HR} = 1.6ms$。

帧周期:我国电视机制式规定,一帧图像的总行数 $Z = 625$ 行,每帧分两场扫描,每场 312.5 行,其中场正程 287.5 行,场逆程 25 行。帧周期 $T_z = 40ms$,帧频 $f_z = 25Hz$。

场消隐脉冲:使场扫描逆程时不发光。

隔行扫描:一帧图像分成两场来扫描,第一场扫 1、3、5 等奇数行,第二场再扫 2、4、6 等偶数行,两场合二为一。我国电视标准使用的这种方式,如图 3-1-9 是隔行扫描示意图。行正程 $T_H(1-1')$为实线,传送图像信号,时间长为 $52\mu s$,行逆程 $THR(1'-3)$为虚线,含有消隐脉冲使显像管不发光,时间长为 $12\mu s$。

逐行扫描:扫了第 1 行接着扫第 2 行、3 行依次扫下去。计算机的显示器和现在的 HDTV 高清彩电用的这种方式。如图 1-23 是逐行扫描示意图。

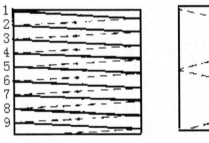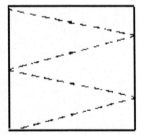

图 1-23　逐行扫描示意图

像素:电视扫描线是由一个个光点组成,明亮不同的光点就是图像的像素,像素越多图像越清晰。

我国电视制式中,图像的最高频率为 6MHz,最低频率为 0Hz,普通电视机一帧图像的最高像素约为 44 万个。

活动七　认识同步信号

为了让电视机重现的图像与电视台的信号同步,需要在电视信号中发送同步信号。所以在全电视信号(见图 1-24)中,发送了同步信号。

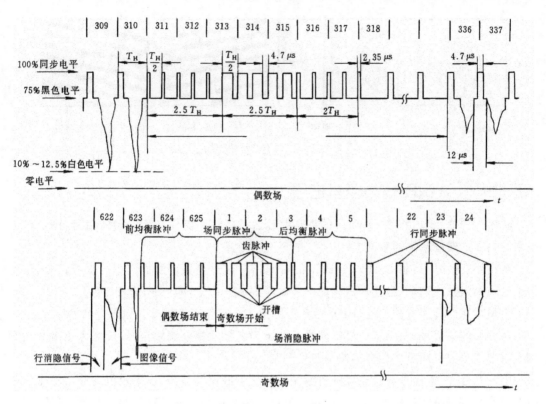

图 1-24　全电视信号

复合同步信号：包含行同步和场同步信号，保证收发两端的扫描同步（同频率、同相位），使图像完整、稳定地再现出来。同步信号是电视信号中幅度最高的。

场同步信号：电视信号中脉宽为 1.6ms，幅度为 100% 的场同步信号，使图像在垂直方向保持同步。如图 1-25 所示。

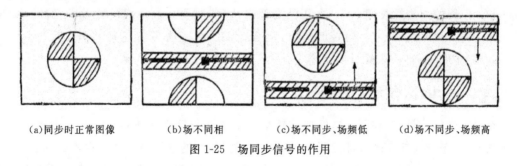

（a）同步时正常图像　　　（b）场不同相　　　（c）场不同步、场频低　　　（d）场不同步、场频高

图 1-25　场同步信号的作用

行同步信号：电视信号中脉宽为 4.7μs，幅度为 100% 的行同步信号，使图像在水平方向保持同步，如图 1-26 所示。

 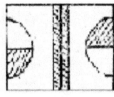 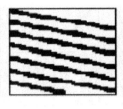 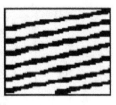

(a)同步时正常图像　　　(b)行不同相　　　(c)行不同步、行频低　　　(d)行不同步、行频高

图 1-26　行同步信号的作用

活动八　认识图像与伴音信号

高频图像信号 fp：将 0～6MHz 的视频信号通过高频调制而产生的载波信号，图像信号采用调幅方式调制在高频载波上。

高频伴音信号 fs：将 50Hz～15kHz 的音频信号通过高频调制而产生的载波信号，伴音信号采用调频方式调制，且伴音载频比图像载频高 6.5MHz，即 fs＝fp＋6.5MHz。

高频电视信号即射频信号（RF）：由高频图像和高频伴音信号及其他复合信号组成。

负极性调幅信号：在图像信号中同步头朝上为负极性视频调幅信号，反之为正极性视频调幅信号。我国采用负极性视频调幅信号调制。

中频信号：射频信号与电视接收机本振信号产生的差频信号，由电视机高频头输出。图像中频信号是调幅信号，频率是 fpI＝38MHz；伴音中频信号是调频信号，频率是 fsI＝31.5MHz。

第二伴音中频信号：经检波器检波后产生，由 fpI 与 fsI 混频得到频率是 6.5MHz 的调频信号。

AGC：自动调整放大器的增益，简称自动增益控制，保证电视机在接收强弱不同的电视信号时，图像基本保持稳定。电视机中，控制中放级增益称中放 AGC，控制高频头增益称高放 AGC，控制的方法是改变 AGC 电压的高低来达到控制中、高放级的增益的目的。AGC 分正向 AGC 和反向 AGC。起控时，信号增强，AGC 电压增高为正向 AGC，反之为反向 AGC。电视机的高放中采用反向 AGC，中放正、反向均有使用。

活动九　认识频道与频率

在电视传输信号时，在同一空间要传输很多个电视节目或者在同一根电缆中要传递多个电视节目，怎样才能实现彼此互不干扰呢？我们把不同的电视节目调制在不同的载波上，然后在混合在一起传输。每个电视节目占有一定的频率宽度，我们就叫频道。表 1-2 就是我国电视频道的分布表。

表 1-2 我国电视频道分布表

频道号	图像载波频率 Fp	伴音载波频率 Fs(MHz)	频道号	图像载波频率 Fp	伴音载波频率 Fs(MHz)
DS1	49.75	56.25	DS13	471.25	477.75
DS2	57.75	64.25	DS14	479.25	485.75
DS3	65.75	72.25	DS15	487.25	493.75
DS4	77.25	83.75	DS16	495.25	501.75
DS5	85.25	91.75	DS17	503.25	509.75
Z01	112.25	118.75	DS18	511.25	517.75
Z02	120.25	126.75	DS19	519.25	525.75
Z03	128.25	134.75	DS20	527.25	533.75
Z04	136.25	142.75	DS21	535.25	541.75
Z05	144.25	150.75	DS22	543.25	549.75
Z06	152.25	158.75	DS23	551.25	557.75
Z07	160.25	166.75	DS24	559.25	565.75
DS6	168.25	174.75	Z39	567.25	573.75
DS7	176.25	182.75	Z40	575.25	581.75
DS8	184.25	190.75	Z41	583.25	589.75
DS9	192.25	198.75	Z42	591.25	597.75
DS10	200.25	206.75	Z43	599.25	605.75
DS11	208.25	214.75	DS25	607.25	613.75
DS12	216.25	222.75	DS26	615.25	621.75
Z08	224.25	230.75	DS27	623.25	629.75
Z09	232.25	238.75	DS28	631.25	637.75
Z10	240.25	246.75	DS29	639.25	645.75
Z11	248.25	254.75	DS30	647.25	653.75
Z12	256.25	262.75	DS31	655.25	661.75
Z13	264.25	270.75	DS32	663.25	669.75
Z14	272.25	278.75	DS33	671.25	677.75
Z15	280.25	286.75	DS34	679.25	685.75
Z16	288.25	294.75	DS35	687.25	693.75
Z17	296.25	302.75	DS36	695.25	701.75
Z18	304.25	310.75	DS37	703.25	709.75
Z19	312.25	318.75	DS38	711.25	717.75

频道号	图像载波频率 Fp	伴音载波频率 Fs(MHz)	频道号	图像载波频率 Fp	伴音载波频率 Fs(MHz)
Z20	320.25	326.75	DS39	719.25	725.75
Z21	328.25	334.75	DS40	727.25	733.75
Z22	336.25	342.75	DS41	735.25	741.75
Z23	344.25	350.75	DS42	743.25	749.75
Z24	352.25	358.75	DS43	751.25	757.75
Z25	360.25	366.75	DS44	759.25	765.75
Z26	368.25	374.75	DS45	767.25	773.75
Z27	376.25	382.75	DS46	775.25	781.75
Z28	384.25	390.75	DS47	783.25	789.75
Z29	392.25	398.75	DS48	791.25	797.75
Z30	400.25	406.75	DS49	799.25	805.75
Z31	408.25	414.75	DS50	807.25	813.75
Z32	416.25	422.75	DS51	815.25	821.75
Z33	424.25	430.75	DS52	823.25	829.75
Z34	432.25	438.75	DS53	831.25	837.75
Z35	440.25	446.75	DS54	839.25	845.75
Z36	448.25	454.75	DS55	847.25	853.75
Z37	456.25	462.75	DS56	855.25	861.75
Z38	464.25	470.75	DS57	863.25	869.75

　　我国电视制式规定,一个频道的带宽为 8MHz。如 2 频道 DS2 的图像载频是 57.75MHz,伴音载频是 64.25MHz,每个频道的下限频率是 fp－1.25MHz,频道的上限频率是 fs＋0.25MHz,所以 2 频道的频率范围是 57.5～65.5MHz。

　　VHF 波段(米波波段):正规频道即可以向空间发射信号的频道有 12 个,频率范围 48.5～233MHz。

　　VHF－Ⅰ(L、低段):1～5 频道(5 个)频率范围 48.5～92MHz。

　　VHF－Ⅲ(H、高段):6～12 频道(7 个)频率范围 167～233MHz。

　　CATV 系统 L－H 增补 7 个频道。

　　UHF 波段(分米波波段、特高频段):56 个正规频道(13～68),频率范围 470～958MHz。

　　增补频段:只能在闭路电视系统中传输的频段,在频率范围 92MHz～167MHz 增补 7 个频道即 Z1～Z7;在频率范围 233MHz～470MHz 增补 38 个频道即 Z8～Z37。

　　以上每频道的带宽为 8MHz。

电视机的使用

一、操作目的

(1)掌握电视机的使用和调试的方法。

(2)弄清闭路电视和 AV 信号的输入连接。

二、器材及设备

(1)工具:万用表、组合改刀、美工刀、尖嘴钳 1 套/1 人。

(2)有线电视插头、线 1 套/2 人。

(3)彩色电视机(调台时有频率显示的机型)1 台/2 人。

(4)DVD(VCD)1 台/2 人。

三、操作内容、步骤与方法

(1)有线电视连接线制作。

(2)DVD(VCD)与彩色电视机的 AV 连接。

(3)按要求搜索 10 个电视台后将频道所对应的电视台名称、频段、频率填于下表 1-3 中。

表 1-3　电视机的使用及 AV 连接操作任务表

频道	电视台名称	频段(波段)	频率
1			
2			
3			
4			
5			
6			
7			
8			
9			
10			

DVD 插孔符号	作用	连接	电视机插孔符号	作用

四、重点提示和注意事项

(1)爱护实训器材,文明操作不能损坏。

(2)注意用电安全,防止触电事故发生。

五、任务评价

考评内容见表1-4所示。

表1-4　电视机的使用项目任务考评表

班级		姓名		学号		得分	
项目	考核内容及要求		配分		评分标准		扣分
有线电视连接线制作	芯、网线有否短路,芯线螺钉是否拧紧,制作质量		10分		不符合要求每处扣3分		
AV连接	端头连接、写出插孔符号		20分		不符合要求每处扣5分		
电视调整	调整方法,频道、频段、频率是否对应		60分		不符合要求每空扣2分		
安全、纪律、卫生、文明	用电安全、上课纪律工位卫生、操作文明		10分		违反一项在得分中扣5～10分		

任务三　黑白电视机电路原理

　　黑白电视机经历了由分立原件组装生产到由集成电路装配制造的过程。第一代早期产品全部由分离原件装配生产,原件数量多,安装调试复杂,可靠性差。中期产品多为HA1144、HA1166、HA1167、KC581、KC582、KC583 六片集成电路组装生产。后期产品多为 D 系列三片机如 D7611(公共通道)、D7176(伴音通道)、D7609(行场扫描)和 μPC 系列三片机 μPC1366(公共通道)、μPC1353(伴音通道)、μPC1031(场扫描电路)以及后期研发的分别以单片集成电路 MC13007 和 TDA4500 为核心组装生产的黑白电视机。

　　主要以 μPC 系列三片机为例,了解黑白电视机的原理和组成。

　　黑白电视机电路主要有高频调谐器(高频头)、中频公共通道、伴音通道、视频放大、同步分离、行场扫描、显像管和稳压电源电路等组成。图1-27 是 upc 三片集成块黑白电视机电路原理方框图。SAWF 是声表面波滤波器。

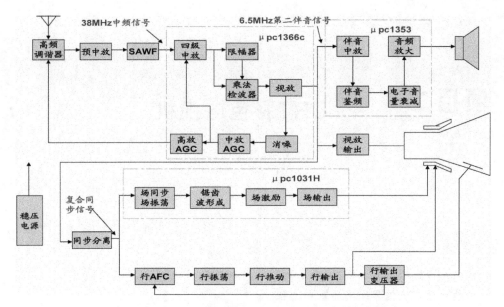

图 1-27   upc 三片集成块黑白电视机电路原理方框图

图中虚线框表示集成块所包含的单元电路,箭头线表示信号流程和方向。

 复习与思考

1. 简要叙述有线电视信号的传输过程。

2. DVD(VCD)的信号与电视相连接一般采用什么方式?

3. 隔行扫描与逐行扫描区别是什么?

4. 当场不同步时,图像是什么现象?

5. 当行不同步时,图像时什么现象?

6. 摄像管的光—电转换原理。

7. 显像管的电—光转换原理。

8. 喇叭的电—声转换原理。

9. 电视机中的 AGC 起什么作用?

项目二　CRT彩色电视机

教学目标

1. 认识光与色的基本知识,重点掌握彩色的三要素、三基色原理。

2. 熟悉彩色电视信号编码的基本过程。

3. 理解 FBAS 的含义和每个信号的特点。

4. 熟悉 CRT 彩色电视机基本原理。

5. 理解 CRT 彩色电视机的信号系统、扫描系统、遥控系统和开关稳压电源的作用。

6. 掌握 LA76931 超级芯片彩色电视机的整机结构。

7. 熟悉康佳 P21SA390 彩色电视机的开关电源电路、电调谐高频调谐器、遥控电路、电视信号处理电路、扫描电路、伴音处理电路的组成及原理。

8. 会分析 CRT 彩色电视机典型故障。

黑白电视机给我们呈现了表示光线亮暗的黑白图像,不能完全反映五彩缤纷的现实世界,彩色电视机的发展成为历史的必然,它已经成为家庭中最为普及的电子产品,是我们生活、娱乐的伴侣。彩色电视机是如何把丰富多彩的大千世界展示在我们面前的呢?

任务一　认识彩色电视信号

一、光与色

1.光的本质

光的本质是电磁波,真空中的传播速度是 3×10^8 m/s。人眼能接收的是波长 λ 从780nm(纳米)至380nm,频率 f 为 4×10^{14} Hz 至 7×10^{14} Hz 的电磁波,这部分能被人眼能看见的电磁波叫可见光,如图 2-1 是电磁波波长、频率和颜色间的关系。主要有:红、橙、黄、绿、青、蓝、紫等,色是人眼对不同波长的光的视觉反映。太阳光是主要的白光源,可以分解成红、橙、黄、绿、青、蓝、紫等各色可见光,光波长不一样,颜色不同。白光源是获得色光的主要来源。

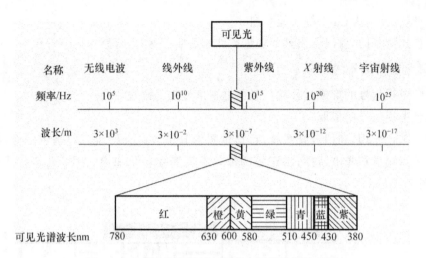

图 2-1　电磁波的波长、频率、颜色种类之间的关系

2.彩色的三要素

描述彩色光的三个基本参量分别是：亮度、色调、色饱和度。亮度是指彩色的明亮程度。色调是指颜色的种类，如红、绿、蓝等就是色调，由光的波长决定，色调是彩色的本质参量。色饱和度是指颜色的深浅程度，往色光中加入白光越多，色饱和度越低，白光色饱和度为零，单色光色饱和度100％。色调和色饱和度统称色度。（可以在计算机上实验）

景物的颜色决定于光源的光谱成分和景物表面反射光或者透射光的颜色。光源的光谱成分不同，看到物体的颜色不同；不透明物体的颜色决定于物体表面反射光的颜色，如红色表面反射红光，吸收其他颜色的光，白色物体表面反射所有色光，黑色物体表面吸收所有色光；透光物体的颜色决定于通过光的颜色，如绿色玻璃就只透过绿光，吸收其他所有色光，所看到是绿色。

3.三基色原理

三基色原理是彩色电视技术发展的基础，使得自然界中各种彩色能呈现在电视上和摄像机能记录富多彩的彩色成为可能。主要内容有：彩电技术选择红（R）、绿（G）、蓝（B）三种彼此独立色光作为基色；任何彩色都可由不同比例的三基色光混合而成，这是彩色显像的原理；几乎所有彩色都可分解成不同比例的三基色，这是彩色摄像的原理；三基色光的比例决定色调和色饱和度，亮度由三基色亮度总和决定。相加混色的示意图如图 2-2 所示。

基本的相加混色方程：红＋绿＝黄；红

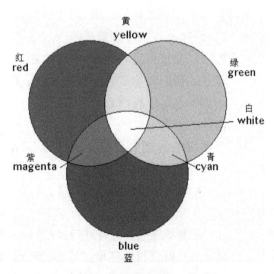

图 2-2　三基色原理示意图

＋蓝＝紫；绿＋蓝＝青；红＋绿＋蓝＝白。

三基色比例不同，就混合出其他彩色。红绿蓝叫三基色，青紫黄叫三补色。

二、彩色电视信号的形成

彩色的电视信号的形成过程就是彩色电视信号的编码过程。

1. 彩色电视信号的摄取

根据三基色原理，利用分光系统，将彩色图像分解成红、绿、蓝三幅基色图像，再利用摄像管的电子束扫描和光电转换，将三幅图像的亮度变化转化成电信号 VR、VG、VB 三基色信号，如图 2-3 所示。

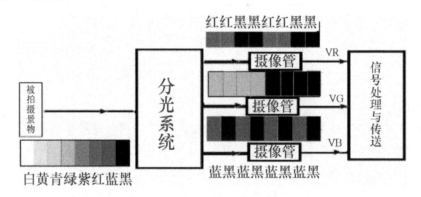

图 2-3　彩色电视信号的摄取

2. 亮度和色差信号

三基色信号既包含亮度信号又有色度信号，因此可以用三基色信号得到亮度信号，根据亮度电压方程得到。

亮度信号：$V_Y = 0.30V_R + 0.59V_G + 0.11V_B$。

色度信号就用色差信号表示，用基色信号减去亮度信号，彩电信号的色差信号有：红色差信号 $V_{R-Y} = V_R - V_Y$、绿色差信号 $V_{G-Y} = V_G - V_Y$、和蓝色差信号 $V_{B-Y} = V_B - V_Y$，色差信号由于减去了亮度信息，只表示色度信息。

彩色电视系统只传输红色差和蓝色差信号，不传输幅度比较小的绿色差信号，而且绿色差可由 V_{R-Y} 和 V_{B-Y} 合成，$V_{G-Y} = -0.51V_{R-Y} - 0.19V_{B-Y}$。

3. 彩色全电视信号

为了让黑白电视能收看彩色电视节目，彩色电视信号包含色度信号和亮度信号，用 8MHz 的一个频道带宽传送亮度信号、红色差信号和蓝色差信号三个信号，就需要对信号进行压缩，由于人眼睛对彩色的细节分辨力比对亮度的细节分辨力低，所以对色度信号进行了频带压缩，色差信号经低通滤波后留下 $0 - 1.3$MHz。为了兼容，在发射时避免幅度过大造成色度失真，还需要将色差信号进行幅度压缩，其中 $V = 0.877V_{R-Y}$ 和 $U = 0.493V_{B-Y}$。

在 6MHz 内，既要传输亮度信号，又要传输色度信号，需要把色差信号的频谱插在亮度信号的频谱间隙中间。由于亮度信号的频谱间存在间隙，就需要将色度信号的频谱进行适当搬移。使用平衡调幅方式进行频谱搬移，选择的载波叫色度副载波 fsc，将色差信号与副载波信号相乘,平衡调幅信号解调时必须恢复原副载波。采用正交平衡调幅的方法将色差信号平衡调幅调制在频率相同、相位相差 90°的色副载波上。对色度信号的处理方法不同,彩色电视制式分为三种:NTSC 制、PAL 制、SECAM 制。

NTSC 制即正交平衡调幅制,就是将色差信号平衡调幅调制在频率相同、相位相差 90°的色副载波上,然后再将两个信号矢量叠加即 $F=F_U+F_V=U\sin\omega_{sc}t+V\cos\omega_{sc}t$。主要有美国、日本等使用这种制式,色度副载波 fsc 选的 227.5 倍行频约 3.58MHz,这种制式叫半行频间置。

为了减小 NTSC 制色度相位失真敏感问题,引入了 PAL 制即逐行倒相正交平衡调幅制,就是将色差信号平衡调幅调制在频率相同、相位相差 90°的色副载波上,而且对 FV 信号逐行倒相即 $F=F_U\pm F_V=U\sin\omega_{sc}t\pm V\cos\omega_{sc}t$,其中 $\sin\omega_{sc}t$ 是 0°副载波,$\cos\omega_{sc}t$ 是 90°副载波。主要有中国、德国等使用这种制式,色度副载波 fsc 选的 283.75 倍行频,约 4.43MHz,这种制式叫四分之一行频间置。经过正交平衡调幅调制后,色度信号的频率范围是 4.43MHz±1.3MHz。

另一种减小色度失真敏感的制式是 SECAM 制即逐行轮换存储调频制,将两色差信号分别调频调制在两个色度副载波上,主要有法国、苏联等国家使用。

NTSC、PAL 制为了电视机能解调还原出原来的信号,需要恢复原来的副载波,因此需要在电视信号行消隐信号后肩上特定位置中加入色同步信号,9～11 个周期的色副载波。作为恢复副载波的频率和相位基准,PAL 制色同步信号还是 NTSC 行(不倒相行 Fu+Fv,色同步相位+135°)和 PAL 行(倒相行 Fu−Fv,色同步的相位是−135°)的识别信号。

把色度信号 F、亮度信号 B、复合消隐信号(行消隐和场消隐信号)A、复合同步信号(行同步和场同步信号)及色同步信号 S 合在一起叫彩色全电视信号 FBAS。FBAS 的频率范围在 0～6MHz,因此也叫视频彩色全电视信号,如图 2-4 所示是彩条信号(从左到右依次是白、黄、青、绿、红、蓝、黑)的彩色全电视信号波形图。

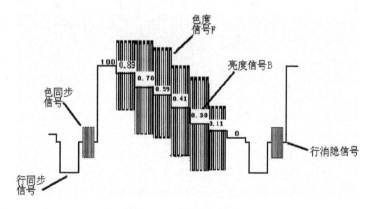

图 2-4　彩色全电视信号

彩色全电视信号的形成就是彩色电视信号的编码过程,图 2-5 就是彩色全电视信号的编码过程图。

彩色全电视信号调幅调制在高频图像载波 fp 上,伴音信号调频调制在高频伴音载波 fs

上,其中 fs＝fp＋6.5MHz;然后将高频图像信号和高频伴音信号混合,图像信号采用残留边带,使高频电视信号在 8MHz 的带宽内,放大后在天线上发射或在闭路电视系统(CATV 系统)传输,也有卫星电视系统传输。如图 2-6 所示就是高频电视信号的频谱图,其中图像信号带宽 7.25MHz,伴音信号带宽 0.5MHz,频道间隔 0.25MHz,色度信号频率范围 3.13MHZ－5.73MHz,色度带宽 2.6MHz。

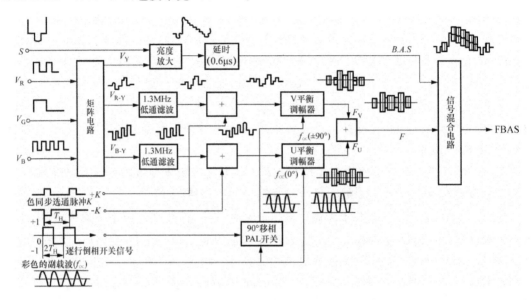

图 2-5　彩色电视信号的编码

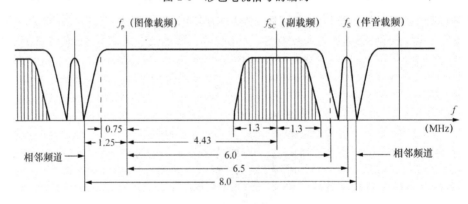

图 2-6　高频电视信号的频谱

电视机的使用与调整

一、操作目的

(1)熟悉彩色电视信号的形成。

（2）熟悉彩色全电视信号的组成。

（3）熟悉电视机与闭路电视信号电缆的连接、与DVD的连接。

二、器材及设备

彩色电视机、遥控板、DVD机。

三、操作步骤

（1）连接闭路电视电缆与电视机RF端子连接，播放电视节目。熟悉电视上看见的信号。

（2）用DVD播放彩条信号，将电视调至AV，把DVD的AV线与电视机相连，调节亮度、将色饱和度调至最小，观察彩条的亮度变化。

（3）调节色饱和度，感受颜色的深浅变化。

四、重点提示和注意事项

1. 爱护实训器材，文明操作不能损坏。

2. 注意用电安全，防止触电事故发生。

五、任务评价

电视机的使用项目任务考评表如表2-1所示。

表2-1　电视机的使用项目任务考评表

班级		姓名		学号		得分	
项目	考核内容及要求		配分	评分标准		扣分	
有线电视连接线制作	芯、网线有否短路，芯线螺钉是否拧紧，制作质量		10分	不符合要求每处扣3分			
AV连接	端头连接、写出插孔符号		20分	不符合要求每处扣5分			
电视调整	调整方法、频道、频段、频率是否对应		60分	不符合要求处扣2分			
安全、纪律、卫生、文明	用电安全、上课纪律工位卫生、操作文明		10分	违反一项在得分中扣5～10分			

任务二　彩色电视机的基本原理

彩色电视机是在黑白电视机的基础之上发展起来的。1954年美国正式开播NTSC兼容制彩色电视节目，之后彩色电视发展非常迅猛，很快普及。

彩色电视机就是接收彩色电视信号，通过放大、解调，视频信号经显像管的电—光转换还原原景物的光图像，伴音信号由喇叭的电—声转换还原出悦耳声音的电子设备。

一、PAL制彩色电视机的基本原理

彩色电视机主要包含四大系统：信号系统、扫描系统、开关电源、遥控系统。如图2-7是彩色电视机的组成方框图,图 2-8 就是 PAL 制模拟彩色电视机的基本原理方框图。

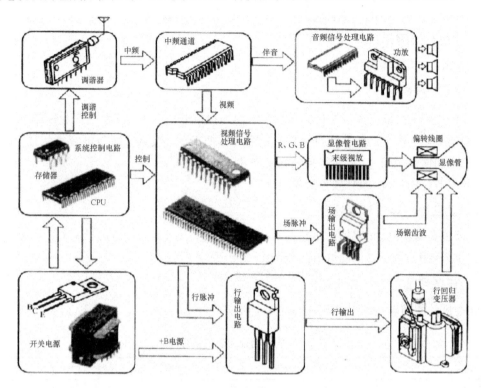

图 2-7　彩色电视机的组成方框图

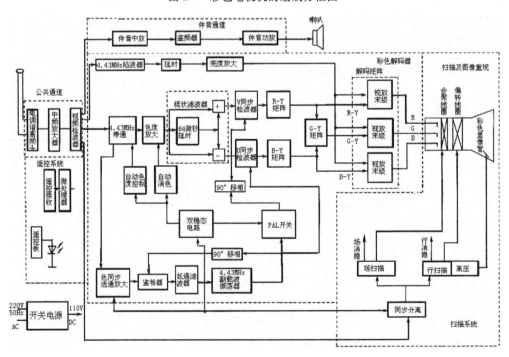

图 2-8　PAL 制彩电基本方框原理图

1.信号系统

信号系统包含：高频调谐器、预中放、SAWF（声表面滤波器）、中频放大器、视频检波器、伴音通道、彩色解码器、视放末级等电路。

（1）电调谐高频头。彩色电视机使用的是电调谐高频调谐器。它的作用是：从众多频道的高频电视信号中选择出一个频道的电视信号，并对这个频道高频电视信号放大，然后将高频电视信号与本振信号混频，得到固定中频的电视信号 IF，包含 38MHz 的图像中频信号 f_{pI}、31.5MHz 第一伴音中频信号 f_{SI} 和 33.57MHz 的色度中频信号 f_{CI}，送给中放电路。本振信号频率比图像中频高 38MHz。

电调谐高频调谐器利用直流电压去实现调谐选台和频段切换，早期使用的是 TDQ-1 和 TDQ-2 高频头。

现在彩色电视机都采用 TDQ-3 高频头，利用 BL、BH、BU 三个电压去完成 VHF-L、VHF-H、UHF 三个频段的高频电视信号的选择，如表 2-2 所示。BM 引脚为高频头的电源供电端，提供 12V 或者 5V 的工作电压。BT 或者 VT 是由微处理器经过接口电路提供选择频道的调谐电压，在自动搜索时，该脚电压从 0 至 30V 变化，当接收某一个频道时，该脚电压应该稳定。VAGC 是控制高频头放大倍数的高放 AGC 电压，它是一种反向 AGC 控制，由信号当没有信号时，该脚电压最高达 7.5V，当接收信号后，该脚电压随信号的增强而减小。IF 端子是中频电视信号输出端。

表 2-2　TDQ-3 高频头的频段切换

电压 频段	BL	BH	BU	频道
VHF—L	12V	0	0	VHF-L 段正规 DS1—DS5 频道 和增补 Z1—Z7
VHF—H	0	12V	0	VHF-H 段正规 DS6—DS12 频道 和增补 Z8—Z37
UHF	0	0	12V	UHF 段 DS13—DS57

新型数字高频头如图 2-9 所示，利用微处理器（CPU）的 B1、B2 信号进行频段切换，BM 工作电压是 5V，采用频率合成式高频头选台。

图 2-9　数字高频头

(2)中频通道。中频电视信号经预中放放大和声表面滤波器(SAWF)选频滤波,对中频电视信号三至四级的放大,在视频检波出 $0\sim6MHz$ 的视频电视信号,同时,视频检波时利用 $38MHz$ 的图像中频与 $31.5MHz$ 二次混频得到 $6.5MHz$ 的第二伴音中频信号。为了使接收不同强弱的电视信号时视频信号保持相对稳定,在中放通道里还有中放 AGC 电路。

(3)伴音通道。第二伴音中频信号经中频放大,由鉴频器解调出 $0\sim15kHz$ 的音频信号,送给低频功率放大后,激励扬声器发声。

(4)彩色解码器。彩色解码是彩色编码的相反过程。

视频电视信号经亮色分离后,分离出亮度信号和全色度信号。利用 $4.43MHz$ 的陷波器分离出亮度信号,吸收掉色度信号。亮度信号送给亮度通道,对亮度信号 $0.6\mu S$ 延时、放大和对比度、亮度强弱、清晰度控制后,将亮度信号送给基色矩阵。

利用 $4.43MHz$ 的带通滤波器从彩色全电视信号分离出全色度信号(色度信号和色同步信号),吸收掉亮度信号。全色度信号送给色度解码电路。色度信号经放大后,利用梳状滤波器分离出 F_U 和 $\pm F_V$,F_U 信号被 V_{B-Y} 同步检波器解调检波出蓝色差信号 V_{B-Y},$\pm F_V$ 信号被 V_{R-Y} 同步检波器解调出红色差信号 V_{R-Y},同步检波器需要的开关信号由色度副载波恢复电路提供,PAL 制电视制式恢复色副载波频率为 $4.43MHz$,$0°$副载波提供给 V_{B-Y} 同步检波器,$\pm90°$副载波提供给 V_{R-Y} 同步检波器,作为同步检波器的开关信号。NTSC 制恢复副载波频率为 $3.58MHz$。

G—Y 矩阵利用 V_{R-Y} 和 V_{B-Y} 合成 $V_{G-Y}=-0.51V_{R-Y}-0.19V_{B-Y}$ 信号,将三色差信号与亮度信号一起送给基色矩阵恢复出三基色信号即红基色信号 V_R、绿基色信号 V_G、蓝基色信号 V_B 信号,三基色信号送给视放输出级的三只视放管放大后,分别控制显像管的三个阴极。

当色度信号很弱时,为了避免色度对亮度的干扰,彩色解码器还设有 ACK(自动消色电路),弱信号时,自动关闭色度通道。

(5)末级视放电路。彩色电视机的末级视放电路有三只视放管,分别对三基色信号 R、G、B 进行放大,激励彩色显像管的三个阴极 KR、KG 和 KB,重现彩色图像。

2.扫描系统

CRT 彩色电视机的扫描系统的主要作用是给行、场偏转线圈提供线性良好、幅度足够的周期性行频和场频锯齿波电流,让电子束在荧光屏水平和垂直方向上匀速扫描,形成正常的光栅。

扫描系统包含同步电路、行扫描电路、场扫描电路、彩色显像管及附属电路。

(1)同步电路。同步电路的作用是保证电视机的电子束扫描与电视台的扫描完全一致,从而使荧光屏上呈现稳定的图像。同步电路包含同步分离电路、积分电路、自动频率控制电路(AFC)三部分。

同步分离电路利用同步信号在全电视信号幅度中最高的特点,采用幅度分离的方式,分离出复合同步信号;积分电路利用场同步脉冲($160\mu S$)比行同步脉冲($4.7\mu S$)宽的特点,用积分电路进行宽度分离,将脉宽较宽的场同步信号分离出来去控制场扫描电路,实现在垂直方向的扫描同步,避免图像上下滚动;AFC 电路就是保证行扫描的频率和相位准确,避免图像左右滚动。

（2）行扫描电路。行扫描电路的任务是给行偏转线圈提供15625Hz的行频锯齿波电流，并给显像管提供高、中、低压，给信号处理电路提供行消隐信号和行基准信号，便于本机字符显示定位。

它主要由行振荡级、行激励级、行输出级和行输出变压器、X射线保护、ABL（自动亮度控制电路）、行偏转支路等组成。行扫描电路正常工作后在显像管的荧光屏上将出现一条水平亮线。

（3）场扫描电路。场扫描电路的主要任务是给场偏转线圈提供50Hz的场频锯齿波电流，并提供场消隐脉冲。它包括场振荡、场激励、场输出、场线性校正和锯齿波形成电路等。场扫描电路正常会出现一条竖直亮线。

（4）彩色显像管及附属电路。彩色显像管完成电光转换。将三基色电压加在显像管的三个阴极KR、KG、KB上，彩色显像管就会重现彩色图像。显像管要正常工作，必须通过附属供电电路给显像管各电极加上正常的工作电压，使屏上产生一个亮点，彩色显像管的各电极直流电压几乎全部由行输出变压器各绕组提供。

3. 开关稳压电源

彩色电视机普遍采用开关电源。开关电源的稳压范围宽、稳压性能好、效率高、重量轻、功耗小、可有多组稳定直流电压输出。彩色电视机的开关电源提供110V以上的主电压给行扫描电路，另外提供各种较低直流电压。典型元件是开关变压器、开关管等。

4. 遥控系统

彩色电视机的遥控系统普遍采用红外线遥控系统，它包含遥控发射、遥控接收两大部分。遥控发射部分包括键盘矩阵、指令编码器、红外发光二极管等组成；键盘矩阵将需要控制的功能转换成键位码，经过专用指令编码器将指令码转换成功能指令码，在调制在38KHZ的载波上，驱动红外发光二极管发光，形成带有遥控信息的波长为940nm的红外光信号，发射出去。遥控接收部分包括遥控接收器、微处理器（CPU）、接口电路等组成；遥控接收器的红外光电二极管将红外光信号转换成电信号，微处理器将指令信号转换成各种控制电压和开关信号，通过接口电路去控制各单元电路，实现对声、光、图、色、电源和高频头的控制。如图2-10所示就是遥控系统的发射与接收的部件。图2-11是彩色电视机的内部结构。

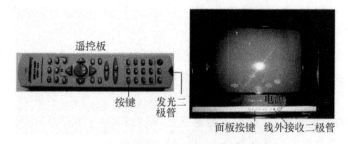

图2-10　遥控系统的发射与接收的部件

图 2-11　彩色电视机的内部结构

图中标注：
消磁线圈、扬声器、显像管、显像管固定螺钉、行输出变压器、高压帽、显像管尾板、显像管外壳石基层与接地线、偏转线圈、高频头、主板

二、彩色电视机的分类

由于技术的不断进步,彩色电视技术日新月异,形成了庞大的电视谱系,根据不同的标准,彩色电视机分类如下。

1.根据荧光屏的尺寸分类

电视机的荧光屏大小常用荧光屏的对角线的尺寸来表示,单位是 cm(厘米),习惯上也用英寸(in)来表示,1in≈2.54cm。根据荧光屏对角线尺寸分为,中小屏幕电视机其对角线尺寸 12～25 英寸或 31cm～65cm、大屏幕电视机其对角线尺寸 28～37 英寸或 71cm～94cm、对角线尺寸 43 英寸或 109cm 以上的超大屏幕电视机,早期电视机主要是中小屏幕电视机,现代家庭更多的选择了大屏幕及超大屏幕电视机。

2.根据荧光屏的平直度分类

荧光屏的表面越平,画面的变形失真越小,视角观看范围越大。早期电视主要是普通球面显像管,画面失真大,视角小,逐步淘汰了。以后相继出现平面直角、超级平面、纯平等显像管,画面失真越来越小,视角越来越大。现在市场上几乎全部是平板电视机。

3.根据荧光屏的宽高比分类

一般电视机的宽高比是 4:3 或 5:4,随着数字电视和高清电视技术(HDTV)的发展,屏幕的宽高比更多选择 16:9 和 5:3 的所谓宽屏幕。

4.根据功能分类

根据电视机的功能分为:非遥控彩色电视机、遥控彩色电视机、交互式彩色电视机(能完成上网、存储和互动点播的网络电视机)、3D智能电视机等。

5.根据使用的主要器件分类

根据使用的主要器件,电视机分为:电子管电视机、晶体管电视机、集成电路电视机。现在,前面两种几乎全部淘汰,彩色电视机主要使用集成电路,而且是大规模、超大规模集成电路的电视机,功能更完善,电路更简单,故障率更低。

6.根据信号的处理方式分类

根据电视机对信号的处理方式分为:接收和处理模拟信号的模拟电视机、对图像和伴音信号部分数字化处理的数字化电视机、接受和处理数字信号的数字电视机(DTV)等。由于数字电视信号采用的是二进制数字编码的"0"和"1"数字串信号,比原始模拟信号具有超强的抗干扰能力,传输、存储更加稳定可靠,可以作为计算机终端加入信息网络,数字电视机逐步走向千家万户。

7.根据显示器分类

根据电视图像的显示方式,彩色电视机分为了:电子束扫描的阴极射线管显示器(俗称显像管即 CRT)电视机,矩阵扫描的平板电视机如液晶显示器(LCD)电视机、等离子显示器(PDP)电视机、发光二极管显示器(LED)电视机即 OLED 电视机等。

三、CRT 集成彩色电视机的发展及典型机型

彩色电视机电路的高度集成化,使得彩色电视机能够大批量、高质量、高可靠性、规范化生产。彩色电视机的集成度不断提高,经历了从低集成度到高集成度的发展。

从 20 世纪 60 年代开始,逐步出现了集成电路电视机。随着微电子技术的飞跃发展,电视机从小规模集成电路的多片机到成熟的中规模集成电路的"四片机""五片机",再到大规模集成电路的"两片机"、超大规模集成电路的"单片机",后期生产的主要是超大规模集成电路(所谓超级芯片)的彩色电视机。

在电视机上所用的集成电路可分为两类:一类是电视信号和扫描小信号处理用集成电路,另一类是彩色电视机遥控系统用集成电路,后期生产的集成电路将二者集成在一块芯片上。这两类集成电路的工作性质是不一样的,前者主要是模拟集成电路,而后者主要是数字集成电路。

电视信号处理用集成电路虽然种类繁多,但它们所实现的功能却是相同的,常见的基本电路有:①伴音系统集成电路;②行场扫描集成电路;③亮度、色度信号处理集成电路;④图像中放、视放集成电路;⑤电源集成电路。

遥控系统用集成电路按功能分,有以下几种:①遥控发射器集成电路;②遥控接收前置放大器集成电路;③中央微处理器(CPU)集成电路;④存储器集成电路;⑤显示器用集成电路;⑥接口电路用集成电路。

在我国曾经大量生产的几类彩色电视机的集成电路功能如表 2-3 所示。

表 2-3　彩色电视机的集成电路功能

电视机机型		典型集成电路型号	功能	输出信号
四片机		TA7607	图像中频信号处理	第二伴音中频信号、视频彩色全电视信号
		TA7176	伴音信号处理,不含功放	音频信号
		TA7193	色度信号处理,不含亮度处理	色差信号
		TA7609	行场扫描小信号处理	行场扫描激励信号
五片机		AN5132	图像中频放大,视频检波	第二伴音中频信号、视频彩色全电视信号
		AN5250	伴音信号处理,含伴音功放	音频信号
		AN5435	行场扫描小信号处理	行场扫描激励信号
		AN5612	亮度处理、基色矩阵	三基色信号
		AN5622	色度放大与解调	色差信号
两片机	TA系列	TA7680	图像和伴音信号处理	视频彩色全电视信号、音频信号
		TA7698	色度解码和行场扫描小信号处理	色差信号、行场激励信号
	Mμ混合	M51354	图像和伴音信号处理	视频彩色全电视信号、音频信号
		pc1423	色度解码和行场扫描小信号处理	色差信号、行场激励信号
	TDA系列	TDA4501	图像、伴音信号处理,行场扫描小信号处理	视频彩色全电视信号、音频信号、行场激励信号
		TDA3561	彩色解码	三基色信号
单片机	LA系列	LA7688、LA76810	除遥控、高频调谐器外所有小信号处理	三基色信号、音频信号
	TDA系列	TDA8362	除遥控、高频调谐器外所有小信号处理	三基色信号、音频信号
	M系列	M520346SP	除遥控、高频调谐器外所有小信号处理	三基色信号、音频信号
	TA系列	TA8690 或 TA1213	除遥控、高频调谐器外所有小信号处理	三基色信号、音频信号
超级芯片单片机		LA7693X 系列、TA88 系列、TDA系列、TB1238 等	能完成除高频调谐器外,包含遥控在内的所有小信号处理,也叫超级数码芯片	三基色信号、音频信号

　　由于集成电路技术的迅猛发展,四片机、五片机逐渐淘汰,两片机和单片彩色电视机也不再生产,后期主要的 CRT 彩色电视机是超级芯片的单片彩色电视机,我们将主要分析这种类型的彩色电视机。随着平板电视机的迅速普及,CRT 电视机也已逐步也会逐步走向淘

汰,但是,其工作原理和对信号的处理电路,对于我们掌握电视机的知识也是一个重要基础。本教程将以 LA76931 为核心的超级单片彩色电视机作为实训的主要机芯,触类旁通。

CRT 彩色电视机的拆装与典型元器件识别

一、操作目的

(1)会拆装彩色显像管电视机,会识读主要的元器件。

(2)会识读集成电路和电视机的类型。

(3)熟悉电视信号流程。

二、器材及设备

不同时期的彩色电视机各 5 台、十字改锥。

三、操作步骤

(1)示范电视机的拆装、高压放电过程。

(2)关掉电视机的电源,每组 2～3 人拆开一台电视机,注意将螺钉保管好。拆开后盖时,注意不要碰到显像管尾部。如果在拆开前在播放电视节目,注意不要被高压电击,最好进行高压放电。拆开后,拍下照片,并识读电视机的主要部件名称。

(3)熟悉电视信号流程,找到显像管、喇叭等,将观察到的集成电路型号填入表 2-4 中。

(4)交换观察,并记录。每组记录三台电视机的信息。

表 2-4　集成电路型号

电视机型号	生产厂家	图像中频处理	伴音处理	色度解码	亮度处理	扫描小信号处理	CPU(遥控)

(5)将拆开电视机重新组装好,通电观看。

四、重点提示和注意事项

1.首先应该切断电源,避免触电。

2.注意高压放电规范。

3.特别注意显像管的管颈,避免碰撞损坏而漏气。

五、任务评价

考评内容如表 2-5 所示。

表 2-5　电视机的使用项目任务考评表

班级		姓名		学号		得分	
项目	考核内容及要求		配分		评分标准		扣分
电视机的拆装	拆装规范,螺钉摆放有序		20 分		不符合要求每处扣 3 分		
高压放电	规范操作高压放电		10 分		不符合要求每处扣 5 分		
观察电视机	说出如图 2-2-3 的中的个主要部件		40 分		不符合要求处扣 5 分		
记录集成电路等	将电视机型号、主要集成电路找到		20 分		每少找一项扣 5 分		
安全、纪律、卫生、文明	用电安全、上课纪律 工位卫生、操作文明		10 分		违反一项在得分中扣 5～10 分		

任务三　LA76931 超级单片彩色电视机整机结构

CRT 彩色电视机种类繁多,不同历史时期产品种类各异,本书选择在 20 世纪初比较流行的超级芯片彩色电视机,学习彩色电视机的原理。由于超级芯片集成了除高频调调谐外的所有小信号处理及微处理电路,电路相对简单,套件成本不高,更方便于学习和组装、调试的实训。

一、机芯特点

LA7693X 彩电专用大规模集成电路系列芯片,是日本三洋公司于 20 世纪初推出的超级电视芯片,我国引进的该系列主要包括 LA76930、LA76931、LA76932,分别被厦华、康佳、TCL 王牌、长虹等公司采用。

LA76931 主要被康佳、长虹、王牌 TCL 及创维公司采用,其中康佳公司将它应用于 SA 系列彩电,代表型号有 T21SA120/236/267/026/027/、P21SA281/282/390 等,重新掩膜后型号为 CKP1504S;在王牌 TCL 彩电上主要应用于 Y12 机芯,代表型号有 21V88,重新掩膜后型号为 13－LA7693－17PR;创维公司应用于具有数字引擎 V12 的 6D92 机芯,例如创维 29T61HT,掩膜后芯片型号为 LA76931N-7F-4HD4B。

LA7693X 内置有四个振荡器,其中 33、34 脚外接晶振和内部电路构成系统时钟,50 脚外接晶振和内部电路构成 4.43MHz 压控振荡器。另外还有一个振荡频率为 4MHz 的行压控振荡器和振荡频率为 38MHz 的图像中频载波振荡器。LA76930、LA76931、LA76932 的内部电路结构基本相同,主要区别在于 CPU 部分 ROM 内存和用户 RAM 内存的容量不同。另外,外接晶振频率有所不同,其中 LA76930、LA76931 时钟外接晶振频率为 32kHz;LA76930、LA76931 主要用于 21 英寸经济型中、小屏幕彩电。LA76932 外接晶振频率为

32.768kHz，⑮脚为东西枕形失真校正输出，⑨脚兼做 VM 调制输出，适用于 25/29/34 英寸大屏幕彩电。由于 LA7693X 系列 I/O 端口（即㉓～㉜脚、㊱～㊴脚）功能可由各公司软件自行设置，即使同一型号芯片，其端口功能设置也会有所不同，视具体机型而定。表 2-6 是 LA76930、LA76931、LA76932 在部分机型上的 I/O 端口功能，维修时要特别注意。

表 2-6　LA7693X 在部分机型上的 I/O 端口功能

脚号	LA76930	LA76930	LA76931 (CKP1504S)	LA76932 (13－WS9303－AOP)
	厦华 MT 机芯彩电	TCL－AT21266 彩电	康佳 SA 系列彩电	TCL－AT2916Y 彩电
23	X 射线保护	TV/AV 转换	空脚（未用）	TV/AV 控制 1
24	S 端子输入识别	AV1/AV2 切换	空脚（未用）	TV/AV 控制 2
25	DVD 分量输入识别	高频头 H 频段控制	SVHS 控制	50/60Hz 场频控制
26	遥控信号输入	遥控信号输入	遥控信号输入	遥控信号输入
27	AV1/AV2 切换	高频头 L 频段控制	AV2 输入（未用）	高频头频段切换
28	待机/开机控制	待机/开机控制	AV1 输入（未用）	待机/开机控制
29	VT 信号输出	VT 信号输出	空	VT 信号输出
30	静音控制	静音控制	静音控制	静音控制
31	SDA	SDA	SDA	SDA
32	SCL	SCL	SCL	SCL
36	高频头频段控制 A	键盘控制信号输入	待机/开机控制	键盘控制信号输入
37	高频头频段控制 B	S 端子 Y 信号输入 50/60Hz 场频识别	空脚（未用）	S 端子 Y 信号输入
38	TV/AV 选择控制	外部音频信号输入	自动增益控制	音频信号输入
39	键盘控制信号输入	场保护检测输入	键盘控制信号输入	开关电源过压保护

三洋 LA7693X 系列超级芯片实际上是将原单片电视小信号处理 LA76810 和微处理器 LC85F4538 集成在同一块超大规模集成电路内，故称之为"超级芯片"。由超级芯片组装成的彩电，集成度大大提高，外围元件及连线更少，使得整机的可靠性更高，故障率更低。同时，由于大量采用新材料、新技术，使整机功耗大大减少，体积更小，符合绿色环保的要求。

由于 LA7693X 采用了更新的亮度、色度处理技术，色彩还原性、图像分辨率（清晰度）更高，这类彩电基本上都有 DVD 分量信号端子（即 Y、Cr、Cb），观看 DVD 影碟时可获得更好的图像效果。

此外，超级芯片彩电普遍采用了数字频率合成高频调谐器，使得本机振荡频率更稳定，调台更准确，不容易发生跑台故障。

二、采用 LA76931 超级芯片数码机芯的主要机型

三洋 CK14/CK21D/CK25D(普平电视系列)CK15F/CK21F/CK25F/CK29F(纯平电视系列)等普及型彩电机芯中。

王牌 TCL－AT34266Y、AT25266Y/AT29266Y 以及 AT2516Y/AT2916Y 等机型。

创维"D"系列 6D90、6D91、6D92 机芯,如 29T66H、25T86H、29TX9000 等机型。

康佳"SA"系列第三代高清彩电,如 T21SA120、T14SA076、T21SA236、P21SA267 等机型。

海信 TF2177H;乐华 21V12SY12A、29K10 等等。

三、LA7693X 超级芯片分析

(一)LA7693X 介绍

超级芯片 LA7693X 由电视信号处理器、微控制器和屏幕显示(OSD)三大部分组成,典型应用电路如图 2.3.1 所示。

1. TV 信号处理部分

(1)快速 AGC 控制的高增益中频放大器(三级增益达 65dB)。

(2)PLL 锁相环式伴音中频解调,以消除内载波接收产生的固有蜂音干扰,改善伴音质量。

(3)内置视频和音频(AV/TV)切换选择开关。

(4)内置色度信号陷波器和带通滤波器、肤色校正电路。

(5)内置亮度延迟线、孔阑校正电路、挖心降噪电路以及黑电平延伸电路,使图像质量得到显著提高。

(6)采用单晶体完成 PAL/NTSC 制色信号解调,设有 SECAM 制色差分量接口,配合免调试 SECAM 解码芯片(LA7642),可以完成 PAL/NTSC/SECAM 三大彩色制式解码。

(7)内置 1H 基带延迟电路。

(8)内设自动动态平衡 AKB 系统,不但可以自动完成白平衡调整,而且能够始终保持白平衡的正确性。

(9)行、场扫描电路采用双重自动频率调整、50/60Hz 自动识别,无信号时场画面的大小保持一定。

2. 微处理控制部分

(1)内置 3 种振荡器:RC 振荡器用于系统时钟;VCO(压控振荡器)用于系统时钟和 OSD 时钟;外部的晶体振荡器用于时基定时、系统时钟及 PLL(锁相环)控制基准时钟,频率为 32.768kHz。

(2)CPU 执行指令周期时间为 $0.848\mu s$,总线周期时间为 $0.424\mu s$;编程 ROM 容量为 32kB、CGROM(字形产生存储器)容量为 16kB、RAM(随机存储器)容量为 512B、在屏显示(OSD)RAM 为 352×9 位。

(3)内置 5 通道 8 位 DAC,3 通道 7 位 PWM 输出,2 个 16 位定时器/计数器,1 个 14 位时基定时器,1 个 8 位同步串行接口及 I²C 总线兼容接口;具有 ROM 校正功能,15 个中断源和 9 个矢

量中断系统,完全集成化的系统时钟发生器和显示时钟发生器,晶体时钟采用 PLL 控制方式。

3. OSD 显示特性

屏幕显示:36×16 点阵(由软件设置)、显示范围 36 点×8 线、控制范围 8 点×8 线、最多显示字符 252 种、每种分成 16×7 点阵和 8×9 点阵两部分,显示颜色 16 种、背景色彩 16 种、字符边缘/阴影颜色 16 种,同时具有平滑、下划线以及斜体字符等多种显示效果,可显示日文、中文和英文。

LA7693X 超级芯片采用 64 脚 S-DIP(双列直插式)塑封形式.图 2-12 是 LA76931 机型的典型应用方框电路。

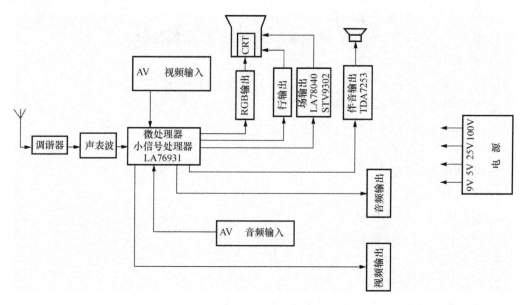

图 2-12　LA76931 的典型应用

(二)LA7693X 引脚功能

1 脚:SIF OUT　6.5MHz 第二伴音中频输出。

2 脚:PIF AGC　38MHz 图像中频 AGC 滤波。

3 脚:SIF INPUT　第二伴音中频输入。

4 脚:FM FILTER　伴音调频(解调)滤波。

5 脚:FM OUT/AUDIO OUT　FM 检波去加重/伴音音频输出(无音量控制)。

6 脚:AUDIO OUT　伴音音频输出(音量直接受机内 I²C 总线控制)。

7 脚:SIF APC　伴音中频鉴相器低通滤波。

8 脚:IF VCC　中放单元电路供电。

9 脚:AUDIO IN—VMOUT 932　音频输入;VM 调制输出(LA76932)。

10 脚:ABL　自动亮度限制。

11 脚:RGB VCC　RGB 电路供电。

12 脚:RED OUT　红基色输出。

13 脚:GREEN OUT 绿基色输出。

14 脚:BLUE OUT 蓝基色输出。

15 脚:AKB—E/WOUT 932 自动白平衡;东西枕形失真校正(LA76932)。

16 脚:VRAMPOSC 场锯齿波形成。

17 脚:VEROUT 场锯齿波输出。

18 脚:VCOIREF 压控振荡器电流参考。

19 脚:H/BUSVCC 行电路/总线单元电路供电。

20 脚:HAFC 行 AFC 滤波。

21 脚:HOUT 行同步输出。

22 脚:VIO/VER/BUSGND 视频输入、输出/场/总线单元接地。

23 脚:INT0 未用。

24 脚:INT1 未用。

25 脚:SVHS 控制系统屏幕显示。

26 脚:REM 遥控信号输入。

27 脚:AV2 AV 输入 2。

28 脚:AV1 AV 输入 1。

29 脚:空脚(未用)。

30 脚:MUTE 静音控制。

31 脚:SDA1 I²C 串行数据总线。

32 脚:SCL1 I²C 串行时钟总线。

33 脚:XT1 系统时钟晶振引脚 1。

34 脚:XT2 系统时钟晶振引脚 2。

35 脚:VDD CPU 单元供电。

36 脚:POW 待机控制。

37 脚:FACP/N 总线 ON/OFF 控制。

38 脚:AGC AN6 AGC 信号输入。

39 脚:KEY AN7 本机按键信号输入。

40 脚:RESET 复位。

41 脚:PLL CPU 晶振锁相环低通滤波。

42 脚:CPU GND CPU 单元接地。

43 脚:CCD VCC CCD 延迟线供电。

44 脚:FLYBACKIN 行逆程脉冲输入。

45 脚:Y—C/C 色度信号输入(未用,交流接地)。

46 脚:Y—C/Y 亮度信号输入(未用,交流接地)。

47 脚:REDIN 红基色信号输入(未用,低通滤波)。

48 脚:DVD—Y DVD 分量 Y 信号输入。

49 脚:B—YINPUT—CB　DVD分量CB信号输入。

50 脚:4.43MHzCRY　色副载波晶振。

51 脚:R—YIN—CR　DVD分量CR信号输入。

52 脚:VIDEOUT/FSCOUT　视频信号输出。

53 脚:CHROMA APC　色度APC滤波。

54 脚:VIDEO IN/Y IN　外部视频信号输入/亮度信号输入。

55 脚:VIDEO/VER VCC　内部视频/偏转单元电路供电。

56 脚:INT VIDEO IN　内部视频信号输入。

57 脚:BLACKLEVEL LILTER　黑电平检测滤波。

58 脚:APC FILTER　APC滤波。

59 脚:AFT FILTER　AFT滤波。

60 脚:VIDEO OUTPUT　内部视频信号输出。

61 脚:RFAGC　延时AGC。

62 脚:IF GND　中放单元电路接地。

63 脚:PIF IN2　中频信号输入。

64 脚:PIF IN1　中频信号输入。

如前所述,由于LA7693X芯片有几个引脚可由软件定义,故不同厂家开发的芯片这几个引脚功能有差异。以上所介绍引脚功能是康佳"SA"系列彩电版本,本课程以康佳P21SA390彩电为例,剖析超级芯片彩电的工作原理。

任务四　康佳P21SA390彩电电路分析

康佳P21SA390彩电是康佳公司2007年推出的第三代超级芯片彩电,它采用了日本三洋公司的超级芯片LA76931为核心,使用国产新型21英寸镜面彩管,具有结构紧凑、轻巧,功耗低(70W)、环保节能的特点。该机型没有采用S端子输入和AV信号输出,但它拥有一路AV输入和一路DVD分量输入,可满足一般用户欣赏数字电视机顶盒和DVD高画质节目的需求。

活动一　认识开关电源

彩色电视机普遍采用稳压性能好、稳压范围宽、效率高、体积小、有多路直流电压输出的开关稳压电源。

开关电源的工作过程是:首先是AC—DC变换,将220V、50Hz的低频交流电整流成300V作用的直流电;然后是DC—AC变换,利用脉冲振荡器,将300V左右的直流电,转换成10kHz至100kHz的脉冲交流电;最后是AC—DC变换,利用开关变压器将脉冲交流电变压,由脉冲整流电路,将其变成直流电;利用输出电压的波动,去控制开关调整管的基极或者栅极脉冲宽度,改变储能绕组的储能,从而稳定输出电压,而且开关电源都有过流与过压保护电路。

康佳 21 英寸 SA 系列机芯采用了场效应管作为开关管的并联自激式开关稳压电源,如图 2-13 所示。

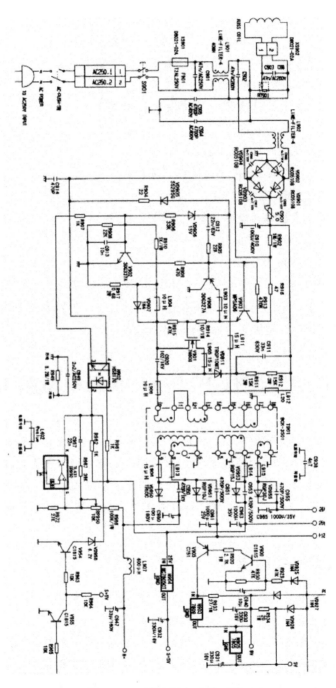

图 2-13　开关电源电路原理图

一、低频输入与整流滤波电路

220V50Hz低频交流电,经电源开关S901和具有延时功能的保险管F901,电容C901和C902与共模滤波器L901组成LCπ型滤波器,消除开关电源的特有的开关干扰,达到消除电磁干扰的目的。然后将220V交流电送给V901—V904组成的桥式整流电路整流,由C910滤波,得到300V左右的直流电。正温度系数的热敏电阻(也叫消磁电阻)和由X902连接置于相关四周的消磁线圈组成消磁电路(ADC电路),在每次开机时消除显像管的剩磁,避免色纯度不良。

二、脉冲振荡过程

T901为开关变压器,它的作用主要有两个方面,其一是利用绕组⑩、⑪、⑫、⑬和绕组⑮、⑰与开关管V901、驱动管V903、V908构成振荡电路;其二是作为储能元件,在开关管饱和导通期间,将电能储存为磁能,在V901截止期间,又将磁能转化为电能,并通过次级绕组向负载释放,输出次级电流。

在电源开关接通期间,市电(220V、50Hz)经VD901~VD904整流,经抗浪涌电流的负温度系数电阻R901限流,再经C910滤波,得到约300V平滑直流电。300V直流电经开关变压器初级绕组⑩~⑬输送到V901漏极,V901源极通过L904、R917连接到电源负端(热地),构成回路。

与此同时,+300V电源经R902、R916输送到V903C极,并通过R913给V903提供b极电流,使V903导通,V901G极得到一个正电压,此电压使流经V901的漏极电流ID迅速增大。由于流过T901⑬~⑩绕组的电流从无到有、从小到大,电流的突变使T901内磁场发生变化,从而产生自感电动势e1,其方向是⑬正⑩负,同时绕组⑰~⑮产生互感电动势e2,其方向是⑮正⑰负,e2从T901⑮脚输出,一路经L911→VD905→R904→给光耦N902④脚补充供电;另一路流经L911→C912→R905→V903的b、e极→R914→R915→L904→R917→热地,对C912充电,其结果是使V903的b极电位上升,增大V903基极电流,促使V901G极电位上升,起到正反馈的作用,使V901迅速进入饱和。此时,流过开关管的电流处于平顶阶段,ID流过绕组⑬~⑩将电能转变为磁能存储在电感线圈中。由于V901的漏极电流ID趋于平稳不变,则互感电动势e2也趋于为零,电容C912上所充电荷开始通过VD905→R904→R916→R913→R905放电,其结果是使V903的b极电位下降,导致V901的G极电位下降,使V901漏极电流ID减少,V901退出饱和区。由于ID由大变小,开关变压器内磁通发生由强变弱的变化,又促使绕组⑰~⑮产生互感电动势—e2,使V901迅速截止。在V901截止期间,T901中存储的磁能转变为电能,通过次级绕组及整流二极管VD955、VD953、VD951和VD950向负载释放,于是在次级得到+19V、+25V、+12V、和+105V(B+)电压。在V901截止期间,ID电流趋于零,T901中磁场变化率也趋于零,互感电动势随之消失,C912上所充满的反向电荷(左负右正)放电,加上+300V通过R916,R913对V903的作用,又促使V901从截止开始导通,进入新一轮循环过程。V901从截止→饱和→截止→饱和轮番变化,形成振荡,相当于一个开关断→通→断→通的变化,只要适当控制V901的导通及截止的时间,就可以控制次级输出电压。

该电源工作频率在 100KHz 左右,便于控制干扰和减小开关变压器的体积,但对开关管的要求较高,一般选用 VMOS 场效应管。由于 VMOS 场效应管工作在高频开关和大电流状态,故采用了 V903、V908 组成称为"图腾柱驱动"的电路来驱动,该电路由 NPN 和 PNP 管构成,两管基极联接处为输入端,两管发射极联接处为输出端。上管导通下管截止输出高电平,下管导通上管截止输出低电平,向上的推动和下拉力量很强,速度很快,它可使场效应管可靠地从饱和导通到截止状态之间的快速变换。

实测电源正常工作时,V901 的 G 极电压约为 4.2VDC,分贝档测交流电压约为 6.6VAC,开关管工作频率为 98~105KHz(频率调整式开关电源)。

三、稳压过程

该电源采用直接取样法,即+105V(B+)电压通过 R966、RP950 和 R972 分压取样,将取样电压送到 SR950(TL431)的 R 极。TL431 为稳压电源专用集成电路,其内部包括有比较放大器、基准电压等电路,内部框图见图 2-14。其特点是当 R 极电位上升时,则 K、A 极电流增大,K 极电位下降。

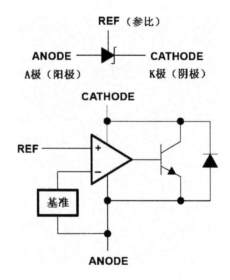

图 2-14　TL431 符号及内部框图

开关电源 VD953 输出的+25V 直流电压,通过 R961、R962 加在光电耦合器 N902 的①、②端,而光电耦合器的②脚接有 TL431 的 K 端,由于其分流作用,使光耦的②脚电位低于①脚电位,当由于电网电压升高,或负载电流变小而使 B+电压上升时,TL431R 极电位也随之上升,其 K 极电位下降,流过光耦内发光二极管电流增大,促使 N902 光敏三极管发射极电流增大,从而导致 V902 基极电流增大,V902 集电极电流也增大,其结果是 V902 C 极的分流作用,使 V901 导通时间缩短,T901 所存储磁能减少,使 B+电压下降;而当电网电压下降或负载电流增大使得 B+电压下降时,情况正好相反。

V903(NPN)和 V908(PNP)组成图腾柱驱动电路,可得到较陡峭的脉冲前后沿,以保证场效应管 V901 迅速而可靠地进入饱和导通/截止状态。

C911、R912、R911、VD911 为尖脉冲吸收电路,它的作用是将 V901 瞬间截止时,在电感线圈⑩～⑬上产生的感应电压限幅吸收,以确保 V901 不被过高电压击穿。

四、待机电路

待机电路由 VD925、V900、V905、V955、V954、VD956 及其外围电阻、电容等元件组成。电视机正常开机时,CPU(LA76931㊱脚)输出＋5V 开机电压,此时 V900、V905 饱和导通,使＋12V 电压通过 N903 获得＋9V 电压,通过 N905 获得＋5V 电压供给 N103 工作。＋5V 开机电压还作用于 V955,V955 饱和导通,V954 截止,SR950 正常工作,将 B＋误差信号输入光耦②脚,正常工作时该脚直流电压约为 23V。

当电视机处于待机状态时,CPU 输出 0V 关机电压,V905 截止,N903、N905 输出电压为零,N103 停止工作。没有了行、场脉冲,行、场扫描电路也停止工作。而此时,V955 截止,V954 饱和导通,VD956 接入取样电路,使光耦②脚电压下降至 6.5V,开关管处于间歇振荡状态,T901 次级输出电压均下降,VD955 输出降至 8V;VD953 输出降至 7.6V;VD951 输出降至 5V;B＋降至 40V,使整机电路处于低功耗状态。VD953 输出电压提供给 N904,输出＋5V 电压维持 CPU 和存储器正常工作。

五、保护电路

1.开关电源内部保护电路

当电网电压过高时,绕组⑩～⑬将流过很大电流,同时在绕组⑮～⑰也会产生一个较高的互感电动势,它将稳压管 VD906 击穿,并使 V902 饱和导通,从而促使 V901 截止,开关电源无电压输出。

2.开关电源外部保护电路

当＋9V 或＋5V 电源的负载发生严重短路性故障时,VD927 或 VD926 负极电位下降得很低,从而将开机电压(POW)拉低,引起 V900、V905、V955 截止,使开关电源处于待机状态,故障排除后才能重新开机。

当行电路出现故障,使行电流大于规定值时,行输出变压器(高压包 T402)⑧脚输出行逆程脉冲幅值增大(正常值在 24VP－P),经 VD917 整流、C935 滤波所得的直流电压也随之升高(正常值为 19V 左右,VD915 阴极电压约为 4.9V),当 VD915 阴极电压升高到≥7V,VD915 反向击穿时,V906 饱和导通,促使 V904 也饱和导通,POW 电压被拉低,开关电源进入待机状态,故障排除后才能重新开机。

当电视机亮度失控,屏幕过亮而使束电流过大时,行输出变压器(T402)⑦脚 ABL 电压下降,当电压下降很大而导致 VD916 反向击穿时,V904 导通,促使 POW 电压下降,开关电源进入待机状态,故障排除后才能重新开机。

该机还设有场保护电路,场输出偏转电流经 R442 取样后,除送至场线性补偿电路外,还经 R421、VD421 送至 V904 的 c 极和 V906 的 b 极,VD421 阳极波形见图 2-15。若场输出电路出现故障,N440⑤脚电位升高,促使 V906、V904 饱和导通,POW 端会变成低电平,开关电源进入待机状态,LA76931 行、场扫描电路失去＋9V 和＋5V 电压而停止工作。正常时 V906 基极电压约为 0.1V。

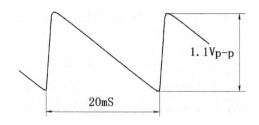

图 2-15　VD421 阳极波形

活动二　认识频率合成高频调谐器

为了实现从众多电视信号中选择接受某一个频道的电视节目,在电视机信号通道的最前端是高频调谐器(俗称高频头)。它完成选台、放大高频信号、本振、混频等功能。它将选择接收某一频道的高频电视信号,经高频放大后,与本振信号混频,产生固定中频电视信号。

一、频率合成高频调谐器原理

早期大部分彩电均采用电压合成调谐式高频头来实现电视信号的接收,这种高频头是利用变容二极管的结电容随加在变容二极管两端的反向电压(调谐电压)的变化而变化,从而改变本振回路的振荡频率,实现调谐接收。一般是由 CPU 给出频段控制电压和调谐电压来分段实现电视频道的接收,并把各频道对应的调谐电压数据储存于存储器中,供以后直接取出使用。电压合成调谐式高频头能够接收 57 个无线频道:L 段(1～5)、H 段(6～12)、U 段(13～57)。后期生产的电压合成式高频头还能接收 Z1～Z37 甚至更多的 CATV 有线增补频道,俗称增补高频头。电压合成式高频头的最大弱点是,由于受温度、电压等因素变化的影响,其调谐稳定度不高,而引起频率漂移,且控制难度较大即必须在中放电路设置 AFT 电路,检出频率误差电压,直接加在高频头 AFT 端子或通过 CPU 去校正高频头调谐端子 VT 的调谐电压,以保证高频头内本振电路频率的稳定性,一旦上述电路出现问题,就会导致逃台或自动搜索不存台,甚至图像、声音指标大幅下降的故障。

为解决上述电压合成调谐式高频头的缺陷,在新型彩电中,均采用了频率合成式高频头。频率合成式高频头是以锁相环(PLL)技术为基础,对信号相位进行自动跟踪、控制的调谐系统。这种高频头不再由 CPU 直接提供高频头的频段切换电压和调谐电压,而是由 CPU 通过串行通信总线(I^2C 总线)向高频头内接口电路传送波段数据和分频比数据,于是高频头内的可编程分频器等电路对本振电路的振荡频率进行分频,再与一个稳定度极高的基准频率在鉴相器内进行比较.若两者有频率或相位的误差时,则立即产生一个相位误差电压去控制(改变)本振频率,直至两者相位相等,此时的本振频率即被精确锁定在所收看的频道上,也就是说,高频头内的本振电路的振荡频率一直跟踪电视台的发射频率,故接收特别稳定,这是频率合成式高频头的优点之一。

频率合成式高频头内的电路框图如图 2-16 所示。这里本振、预定标器、可编程分频器、鉴相器、低通滤波器等就构成了锁相环路（PLL），送往混频器的信号为环路的输出。在图中，鉴相器一路的输入频率为 f_1，是由基准频率发生器产生的频率 f_0'，通过 m 次分频而得，另一路输入是由本振电路的振荡频率 f_0 经预定标器 n_1 次分频、再经可编程分频器进行 n 次分频后所得，其频率为 $f_2 = f_0/(n_1 n)$。当环路锁定时，两路输入频率相等，即 $f_0/m = f_0/(n_1 n)$，由此式得出 $f_0 = f_0 n_1 n/m$。由此可见，改变可编程分频器的分频系数 n，即可改变本振频率，从而达到选台目的，改变分频系数 n 还可达到切换频段之目的。由上式可知，本振频率调节范围取决于分频系数的变化范围即取决于分频器的位数，由于理论上位数是任意的，所以频率调节范围相当宽，也就是可预选的电视频道相当多，这也是频率合成式高频头的优点之二。

所以目前生产的频率合成式高频头均能兼容接收 CATV 有线增补频道，不过，要在 CPU 的控制数据中增加 CATV 增补频道所需的频道数据才行。这些必须要在 CPU 的软件设计中由生产厂家事先设定，一般用户及检修人员无法改变，这一点就不像电压合成式高频头可人为改变本振回路的电感量来调节频率的接收范围，这是频率合成式高频头的一个缺点。其缺点之二就是电路复杂、元件多、价格贵。

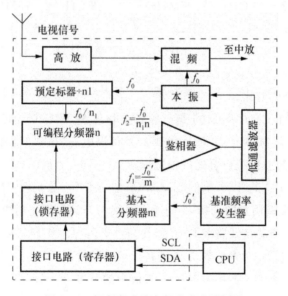

图 2-16　频率合成式高频头内电路框图

二、康佳"SA"系列彩电的高频调谐电路

图 2-17 是康佳"SA"系列彩电的高频调谐电路，为频率合成调谐方式，采用国产产品，型号为 TDF－3M3S。其基本参数如下。

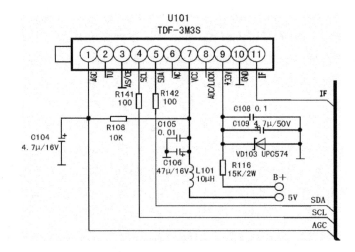

图 2-17　康佳"SA"系列彩电的高频调谐电路

接收制式:PAL　D/K;

频道:VHF-L:DS-01 CH(49.75MHz)~ Z-05 CH(144.25MHz);

　　　 VHF-H:Z-06 CH(152.25MHz)~ Z-33 CH(424.25MHz);

　　　 UHF:Z-34 CH(432.25MHz)~ DS57 CH　(863.25MHz);

中频频率:图像中频 PIF＝38.00 MHz、色度中频 CIF＝33.57 MHz、伴音中频 SIF＝31.50 MHz;

调谐制式:频率合成方式。

＋5V 电源经 L101、C106 及 C105 组成的滤波电路,送到 U101 的⑦脚,给高频头提供工作电源。B＋经 R116 限流、VD103 稳压得到 33V 调谐电压,送到 U101⑨脚。RF-AGC 电压送到 U101①脚,向高放级提供合适的偏置电压。

如前所述,来自 CPU 的㉛、㉜脚的 SDA、SCL 控制信号,分别经 R142、R141 送到高频头的⑤脚和④脚,CPU 根据用户的选择,通过 I²C 总线向高频头发送用户所要接收节目频道的控制数据代码,产生高频调谐回路 VT 电压,使高频头内部的变容二极管构成的谐振电路的谐振频率在接收频率上,并使本机振荡频率高于接收信号频率一个中频。其与电压合成高频头最大区别就在于,这个本振信号是经过与精密的基准频率锁相而得到的。因而不再需要向高频头输送 AFT 信号和随接收节目变化的 VT 电压。

该电路常见的故障是 R116 脱焊,或 VD103 二次击穿,导致＋33V 电压异常而收不到台。此外,R141、R142 如开路也会出现收不到台的故障。

活动三　认识 LA76931 遥控及控制系统

LA76931 将 I²C 总线结构的 CPU 与小信号处理单元集成在一块超大规模集成电路,其引脚功能已学习。康佳 SA 系列与长虹 G2105 相比,省略了 ID、AFT 电台识别信号连线,省略了字符消隐(OSD-BLK)和字符基色信号 R、G、B 四条连线,还省略了字符定位脉冲 V-

SYNC、H－SYNC 两条连线,使整机可靠性得到大大的提高。

LA76931 的遥控系统 CPU 与外部电路连接的端口主要有以下几种。

一、遥控信号输入

来自遥控接收头 OTP601 的遥控信号从 N103 的㉖脚输入,用户通过遥控器发出的控制指令,从该端口输入芯片内 CPU,由 CPU 实现远距离控制。

二、静音控制

为避免电视机在无电视节目或换台时,喇叭发出噪音,电视机都有静音控制电路。当芯片内 CPU 检测不到复合同步信号,或行、场同步脉冲频率不符合正常比例(PAL 制为 15625/50,NTSC 为 15750/60),则 N103 的㉚脚会输出一个高电平,使 V201 饱和导通,N201 伴音功放(TDA7253)③脚电位降至 0.5V 以下,其内部静音电路动作,没有伴音信号输出,喇叭则不发声。

三、总线接口

总线接口为 N103 的㉛脚和㉜脚,其中㉛脚是串行数据总线 SDA,㉜脚是串行时钟总线 SCL。由于本机集成度很高,总线端口主要用来与外部存储器 N602 交换数据,以及通过总线控制频率合成高频头选台。

四、晶振

CPU 时钟晶振为 Z601,工作频率为 32kHz,分别接在 N103 的㉝脚和经 R628 接在㉞脚。如果 R628 开路、晶振频率偏移过大或失效,均可造成 CPU 不能正常工作,一般表现为"三无"电源灯亮,有时不能二次开机。

五、CPU 供电

开关电源 VD953 整流,经 C953 滤波后有一路供 N904 稳压,得到＋5V 电压后(S＋5V),再经 L607、C622 及 C617 构成的 LC 滤波电路,得到更纯净的＋5V 电压,送到 N103 的㉟脚,如果供电电源不够纯净,高频脉冲干扰滤波不良,则可能造成 CPU 执行程序时出错,引起黑屏故障。

六、复位电路

CPU 在运行程序前,必须先将其内部寄存器、计数器及运算器清零,否则在运行程序时就会出错。复位电路就起到 CPU 加电时对内部清零的作用。

复位电路由 V602、C699、R621、R624 和 VD601 等元件组成,该电路的工作原理是,接通电路时,S＋5V 电源先加到 N103㉟VDD 脚,而三极管 V602 因其 e、b 极接有电容 C699,在通电瞬间由于电容的两端电压不能突变,V602 的 b 极为高电位而截止,N103 的㊵脚为低电平。随着电容 C699 继续充电,其两端电压逐渐上升,V602 的 b 极电位逐渐下降,V602 的发射结正偏导通,此时,V602 由截止转为饱和导通,N103 的㊵脚升到＋5V。由 C699、R621、R624 等 RC 元件和 VD601 反向击穿电流(稳压电流)的作用,使 N103 的㊵脚电位从 0V 经历大约数十毫秒后上升到＋5V。CPU 内部完成清零过程,开始执行控制程序。

如果 C699 失容,延时时间不足,或 VD601、R624 开路,N103 的⑩脚维持在低电平,无法建立正确的清零过程,则会造成 CPU 运行出错,引起黑屏故障。

七、其他端口

N103⑯脚为待机控制,正常开机为 5V,待机为 0V。

N103⑰脚为总线控制权选择端口,高电平时为 CPU 拥有总线控制权,该脚通过 R622 接到插座 XS600,XS600 为厂家生产线调试专用插座,当该脚变为低电平时,CPU 就不再拥有 I^2C 总线控制权,它将通过 XS600 插座由生产线上的调试计算机管理。

N103⑱脚为 AGC 电压输入端,该脚通过 R121 对 RF AGC 取样,由 I^2C 总线监测 RF AGC 电压,配合自动调整中放 AGC,以期获得最佳增益。

N103⑲脚为本机键盘输入端,本机键采用直流电压识别的方法。它的基本原理是利用电阻分压的方法,当按下不同的按键时,电路接入不同的分压电阻,得到该按键对应的直流电压值,经过与 CPU 内存储的数据对比,得到相应的控制键值(二进制代码),从而使 CPU 发出相应的执行指令。

当这些电阻变值,或按键受污染时,可能就会出错,出现按键功能紊乱的故障。

N103㉑脚为 CPU 晶振锁相环 APC 滤波电路,外接 RC 低通滤波网络。采用锁相环的晶振电路,可使系统时钟信号更稳定,可提高 CPU 工作可靠性。

N103㉒脚为超级芯片内 CPU 单元电路接地端。将 CPU 接地与其他模拟信号处理单元电路接地分开,可以避免模拟电路对 CPU 电路产生干扰。

八、I^2C 总线调整步骤

按下遥控器"菜单(MENU)"键,在屏幕显示菜单未消失前,快速按压"智能显示(RECALL)"键三次,即可进入维修状态。

当维修状态主菜单为红色时,按"音量+"可进入下一个菜单。

按"节目+"或"节目-"按键,可上下移动来选择所需要调整的项目;按"音量+"或"音量-"按键,可调整该项目参数的大小。调试好后,按"智能显示"键就可退出维修状态,并将修改好的参数存入存储器。

调整项目如下:

FACTORY MENU 00　V1.1.03

OSD 显示	名 称	原厂参数	备 注
H-PHASE	行中心	26	
OSD-H-POSITION	屏显(菜单)水平位置	40	
V-SIZE	场幅	79	
V-POSITION	场中心	5	
V-LINEARRITY	场线性	23	
V-SC	场 S 校正	4	

OSD 显示	名　称	原厂参数	备　注
V—KILL	场脉冲开/关	0	设 1 时一条水平亮线
SUB—BRIGHT	副亮度	62	
RF—AGC AUTO	高放 AGC 调整	15	

FACTORY MENU 01 V1.1.03

OSD 显示	名　称	原厂参数	备　注
H—BLK—L	行左消隐设定	2	
H—BLK—R	行右消隐设定	2	
TUNER 0:Q J 1:ALPS	调谐模式	1	
VOL LINEAR MEASURE	线性测量	1	
B—Y DC LEVEL	蓝色差直流电平	11	
R—Y DC LEVEL	红色差直流电平	10	
B—Y DC LEVEL—YUV	蓝色差直流电平	6	DVD 分量
R—Y DC LEVEL—YUV	蓝色差直流电平	6	DVD 分量

FACTORY MENU 02 V1.1.03

OSD 显示	名　称	原厂参数	备　注
RED—BIAS	红截止	165	
GREEN—BIAS	绿截止	102	
BLUE—BIAS	蓝截止	112	
RED—DRIVE	红激励	111	
GREEN—DRIVE	绿激励	10	
BLUE—DRIVE	蓝激励	98	

OPTION MENU 00

OSD 显示	名　称	原厂参数	备　注
BACK COVER OPTION	半透式拉幕选择	0	选 0 则不用
Q—ASM OPTION	超快搜台功能选择	1	选 0 则不用
OPT—AV—SYSTEM	AV 功能选择	0	选 0，一个 AV 端口
Y—IN 0:P48 1:P54	Y 信号输入选择	0	选 1 由⑤④脚输入 选 0 由④⑧脚输入
OPT—YUV	DVD 分量选择	1	选 0 则不用

续表

OSD 显示	名　　称	原厂参数	备　　注
LANGUAGE SW CE	屏显多语言选择	0	选1只有英文
ENG 0;CHI　1	文字选择默认值	1	0:英文;1:中文
CH BLACK BACK	换台黑背景	0	选0则不用
OPT－EXTR－REC	外部录像输出	0	选0则不用

OPTION MENU 01

OSD 显示	名　　称	原厂参数	备　　注
LV1116 OPT	LV1116 选择	0	选0则不用 ※
AUDIO SW	伴音开关	0	
SIF6.5M	伴音中频选择	1	选0则不用
SIF6.0M	伴音中频选择	1	选0则不用
SIF5.5M	伴音中频选择	1	选0则不用
SIF4.5M	伴音中频选择	0	选0则不用

注:LV1116是一块音频处理芯片,适用于 TV 工作。包含环绕声和虚拟立体声,具有 L＋R 左右声道输出功能。它采用直流电平控制音量,通过 I^2C 总线连接,受 LA76931 控制。

活动四　认识 LA76931 对电视信号的处理

一、图像中频信号处理

图像中频信号处理电路由 N103 的②、⑧、㉘～㉔脚接口和外围相关元器件组成。它的任务是对调谐器输出的图像中频信号进行放大和 PLL 同步检波,从图像中频信号中解调出彩色全电视信号(CVBS)。

图像中频放大由三级差动放大器组成,经声表面波滤波器 N102 处理的中频信号从 N103 的㉓、㉔脚输入,通过 IC 内部三级 AGC 差动放大器放大后,分别送到 APC 检波器和视频检波器。

与此同时,内置图像中频载波 VCO 振荡器产生的等幅正弦波,移相 90°后送到 APC 检波器,它与来自第三级图像中放的 PIF 信号进行相位比较,输出的误差电流由 N103㉘脚外接 C127、R127 组成的低通滤波器滤波,平滑成直流误差电压,将图像中频 VCO 的频率锁定在 38MHz。

PLL 锁相后的 38MHz 图像中频载波作为等幅开关信号,送到视频同步检波器中,与来自第三级图像中放的 PIF 信号相乘运算,滤除高次谐波后,解调出复合视频信号(CVBS)。在检波过程中,利用 38MHz 等幅正弦波作为本振信号,与第一伴音中频信号差拍,得到 6.5MHz 的第二伴音中频信号。

同步检波器输出的视频信号经缓冲级后,得到同步头向下的复合视频信号。该信号一路经噪音抑制电路从 N103 的⑩脚输出;另一路送到 AGC 检波器,通过 N103 的②脚外接电容 C334 滤波,得到与视频信号峰值相关的 AGC 电压,再由直流放大级放大后去控制三级中放的增益,以确保 PLL 解调出的视频信号幅度稳定在 2VP-P。中放 AGC 信号还送到 RF-AGC 电路,由 I²C 总线根据设置的起控点进行延迟量调整,产生 RF-AGC 电压从 N103 的㉛脚输出,加到调谐器的①脚,控制高放级的增益,同时通过 R121 将 RF-AGC 电压反馈到 N103 的㊳脚,由 CPU 根据设置参数适当自动调整中放 AGC 和 RF-AGC 的分量,以期获得最佳信噪比。

通过锁相的 38MHz 图像中频载波开关信号,经 90°移相后,还送往 AFT 电路,与第三级中放的图像中频信号进行双差分鉴相,产生的误差电流经 N103 的⑲脚外接电容 C138 滤波得到直流误差电压(AFT 电压),从内部送到 CPU 的 A/D 接口,编码得到相应的控制数据,一方面作为搜索电台时的识别锁定信号,其次它还叠加到 N103 的㉙脚 VT 信号上,用于电压合成高频头进行频率微调,补偿本机振荡频率漂移。由于康佳 P21SA390 使用频率合成高频头,故 N103 的㉙脚未用。

二、伴音中频信号处理

在视频同步检波器中,图像中频信号与第一伴音中频信号差拍得到的第二伴音中频信号,经内置的第二伴音中频带通滤波器去掉视频信号(减少图像对伴音的干扰),选出第二伴音中频信号 SIF 从 N103 的①脚输出,再经过由 R337、C340、C341 和 L343 组成的高通滤波器,返回 N103 的③脚,加到其内部伴音解调电路。

从 N103 的③脚返回的第二伴音中频信号,经内部对称双向限幅放大、低通滤波抑制高次谐波后分成两路:一路直接送到模拟乘法调频检波器;另一路送到 PLL 环内的鉴相器,与伴音中频 VCO 振荡信号进行相位比较,输出与两个信号相位差成正比的误差电流,再由 N103 的⑦脚外接 C337、C338、R338 滤波网络滤波,得到直流误差控制电压,锁定伴音中频 VCO 振荡频率与第二伴音中频一致。

在 FM 检波器,PLL 锁相第二伴音副载波对限幅放大的伴音中频信号解调,得到的音频信号经 N103⑤脚外接 C329 去加重,恢复原始音频信号频谱特性后,再经内置 ATT 衰减控制、音频负反馈前置放大,从 N103⑥脚输出,送到 N201 进行功率放大,以推动扬声器还原电视节目伴音。

三、视频亮度信号处理

同步检波器解调后的 CVBS 信号在芯片内经黑白噪声抑制、预视放和第二伴音中频陷波等电路处理后,从 N103 的⑩脚输出,再由 V302 缓冲放大后,加到 N103 的㊶脚。

从 N103 的㊶脚返回的视频信号分成四路:一路经钳位放大后从 N103 的㊼脚输出,可供给外部视频记录设备使用,但 P21SA390 未用(空置);第二路进入内部同步分离电路,分离出行场同步脉冲,用于行 AFC1 环路锁相和场计数复位;第三路和第四路分别进入亮度通道和色度通道,进行 Y/C 分离处理。

N103 内部的亮度通道,主要由色度陷波器、亮度延迟线、孔阑校正补偿、挖心降噪和对比度/亮度控制等电路组成。

经水平轮廓校正和挖心降噪后的 Y 信号进入黑电平扩展电路,由检测器检出 Y 信号中的"浅黑电平",与消隐电平比较,然后将没有达到消隐电平的浅黑部分向"深黑"延伸,以提高画面的对比度,消除背景图像的朦胧感。N103⑰脚外接黑电平检波电容 C319 和电阻 R319,其 RC 常数确定黑电平延伸量的大小。黑电平扩展后的 Y 信号进入图像平均电平检测器,检出亮度信号平均电平与直流钳位脉冲送到直流传输系数补偿电路,根据图像平均电平来自动恢复 Y 信号在黑电平扩展时失去的直流分量。

经过黑电平延伸和直流分量恢复后的 Y 信号,由 I^2C 总线控制,进行对比度和亮度调整后,送到 RGB 三色矩阵电路。

在 N103 的⑩脚设有 ABL 电路,如图 2-18 所示,CRT 管的第二阳极电流 Ia 由行输出变压器 T402 高压整流电路正端(高压帽)输出,经过 CRT 阴极、视放管集电极—发射极→地→C417→T402⑦脚形成回路,在+B 与 R409、R410 和 R417 分压形成取样电压。当屏幕亮度正常时,取样点电压高于 N103⑩脚的阈值电压,ABL 电路不动作,当屏幕亮度过亮,束电流 Ia 迅速增大,取样点电压下降,N103⑩脚电压也下降,当该脚电压低于阈值电压(可由 I^2C 总线设定)时,ABL 电路起控,屏幕亮度下降,使显像管的束电流限制在安全工作范围内。而当电路发生故障而使亮度失控时,T402⑦脚电位大幅下跌,保护电路动作,使电视机处于待机状态。

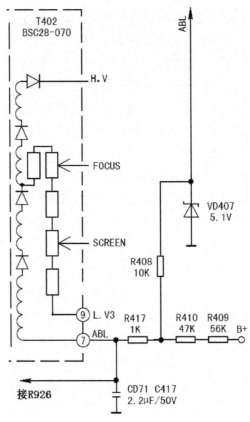

图 2-18 ABL 电路

四、色度信号处理

彩色信号解码单元的功能包括：ACC 放大、消色识别控制、副载波恢复、P/N 制式信号解调、1H 基带延迟线、色差与基色矩阵等电路。这部分电路涉及 N103 的 ㊶、㊸～㊿、㊼、⑫～⑭共 14 只引脚，其中㊺、㊻脚分别为 Y－C 模式 C 信号和 Y 信号输入，本机未用，通过电容 C372、C373 接地来屏蔽干扰。㊼脚为 DDS(直接频率合成器)低通滤波网络接口，外接 R352、C370 为低通滤波 RC 元件。

进入色度带通的复合视频信号经色度带通滤波器进行 Y/C 分离，除去亮度信号，取出色度信号再送到色度信号切换开关电路，再通过 ACC 放大后送到色同步选通门，利用时间分离法从色度信号中分离出色同步信号，其中一路送到消色识别电路，完成 PAL/NTSC 彩色制式的识别；另一路送到 APC₁ 电路，用于锁定色副载波频率和相位。

三大彩色制式色度信号对应三种不同的编码结构，并且调制在不同的副载波频率上。PAL/NTSC 制采用正交平衡调幅方式，PAL 制中的 R－Y 信号调制副载波逐行倒相，而 NTSC 制则不倒相。因此，只需检测色同步信号的相位和频率就可以完成 PAL/NTSC 制的识别；SECAM 制采用行轮换调频方式，通过检测色差信号的调制方式（幅度不变）和 1H 时间内是否只有一种色差信号，即可识别出 SECAM 制信号。

PAL/NTSC 制式扫描体制的识别，可由 CPU 通过对行、场脉冲的关系来实现，PAL 制的行频是 15625Hz，场频是 50 Hz；而 NTSC 制行频是 15750 Hz，场频是 60 Hz，故可在两个场脉冲之间对行脉冲计数，如每场是 $15625 \div 50 = 312.5 \approx 300$ 个行脉冲，为 PAL 制；若是 $15750 \div 60 = 262.5 \approx 260$ 个行脉冲，则为 NTSC 制。从而通过 I²C 总线控制扫描电路的行、场同步脉冲频率，以及自动调整场幅。

LA7693X 内 CPU 启用了 3 位数据通过总线来完成彩色制式的识别切换。而当检测到色度信号幅度太弱或无彩色信息时，激活 ACK 电路工作，关闭色通道中的第二级 ACC 放大器来实现消色。

N103 的㊿脚外接 4.43MHz 石英晶振，它与 N103 内部单元电路构成色副载波压控振荡器（VCO），通过对 VCO 计数分频锁相，可以获得 P/N 制解调所需的 4.43MHz/3.58MHz 基准副载波。

与飞利浦 TDA93XX、东芝 TMPA88XX、微科 VCT380X 三个系列的超级芯片不同，三洋 LA7693X 系列超级芯片内部色度通道都设有 VCO₁、VCO₂ 和 APC₁、APC₂ 两个压控振荡器和两个自动相位控制环路。首先，由 N103 的㊿脚外接晶振与内部的 VCO₁ 产生 4.43MHz振荡信号，送到 APC₁ 与来自色同步选通门分离出的色同步信号进行相位比较，产生的误差电流由 N103 的㊼脚外接 C344、C345、R346 及 R353 组成的 RC 滤波网络平滑成直流误差电压，控制 VCO₁ 产生的振荡信号与色同步信号同频同相。锁相后的 VCO₁ 信号送到 APC₂，同时由 VCO₂ 产生的振荡信号也送到 APC₂，将两个信号相比较，可得到与相位差成正比的误差电流，再由 N103㊶脚外接 C619、C623、R625、R632 低通滤波，得到的直流误差电压锁定 VCO₂ 的振荡信号与 VCO₁ 的参考信号严格同步。由于 VCO₂ 与 CPU 调谐控制电路相关联，故三洋芯片的彩电在 4.43MHz 晶振开路时，不但图像没有彩色，还伴随着跑台的现象，要注意和跑台故障加以区别。

通过两个 APC 环路的锁相，与色同步信号完全同步的基准副载波，经过色相位旋转(对 NTSC 制)和 PAL 开关逐行倒相(对 PAL 制)电路，送到两个并列的 PAL/NTSC 制同步解调电路，对来自第二级 ACC 放大的色差信号进行解调，分离出 R－Y 和 B－Y 色差信号。

解调后的两个色差信号经钳位后送到 PAL/NTSC/SECAM 色差信号选择开关，与外部端口(N103 的(51)、㊾脚)输入的 DVD 分量色差信号进行切换选择，送往 1H 基带延迟线电路。基带延迟线在 I^2C 总线控制下按彩色传输的制式要求进行工作，对于 PAL 制，将 R－Y 和 B－Y 色差信号进行一行延迟后，再分别与直通 R－Y 和 B－Y 色差信号相加，消除两个色差分量的串色干扰，然后送往绿色差矩阵和基色矩阵，还原 R、G、B 基色信号；对于 NTSC 制，1H 基带延迟线起梳状滤波器作用，消除色副载波干扰后，送往色差和基色矩阵电路；对于 SECAM 制，利用基带延迟线的行存储作用，把两个轮行传送的色差信号，转换为每行同时传送的 R－Y 和 B－Y 色差信号，然后再送到色差和基色矩阵电路。上述三种制式基带信号 1H 延迟量或存储控制所需的移位时钟，由锁相后的 4.43MHz 基准时钟经总线控制分频后提供。

在 I^2C 总线控制下，经 1H 延迟处理的 R－Y 和 B－Y 色差信号进入色饱和度控制电路后，输送到矩阵系数不同的绿色差矩阵，恢复 G－Y 信号。然后三个色差信号和亮度信号同时加到 RGB 基色矩阵电路，恢复 R、G、B 基色信号。TV(AV)信号经内部 RGB 开关电路与字符 RGB 信号切换选择，再经白平衡调整后，从 N103 的⑪～⑬脚输出，送往末级视频放大器。

五、自动动态(白)平衡电路

该电路又称为自动阴极偏压校正电路，简称 AKB 电路。这是一项视频信号还原的新技术，其基本原理是在场逆程期间由 CPU 发出两组检测脉冲，分别检测暗电平、亮电平时的三个阴极电流 IK。其中，黑电平 AKB 自动补偿白平衡电平切割，而白电平 AKB 自动校正视频驱动信号幅度(自动调整亮平衡)，使之与显像管的调制特性曲线相吻合，以提高彩电的画质。

在 N103 内，CPU 通过 I^2C 总线送来的设置数据控制 AKB 电路完成三项功能：

(1)控制调整图像色温。LA7693X 内设有 R、G、B 三枪色温 D/A 转换器，I^2C 总线传送来的三枪色温设置数据，被 DAC 转换成三路的模拟电压，该电压作为三个基色驱动级的偏置电压，改变设置数据即可改变某级偏置电压来调整该级放大器的增益，就可以改变色温，用于适应不同人种观察色彩时的喜好和习惯。

(2)控制调整 RGB 偏置。该项功能相当于白平衡调试时，三支电子枪暗平衡调整。CPU 通过 I^2C 总线传送的设置数据，经过三个 D/A 转换器译码，产生一个与三枪阴极电流成正比的电流 I_{K0}，加到 AKB 电路内的比较器，与内部 3.33V 基准电压比较，输出的误差电压分别存入 R、G、B 状态锁存器。在场正程期间，CPU 借助 I^2C 总线读取每个锁存器的状态，根据状态数据值和方向(正或负)，调节基准脉冲的交流零电平的大小，等效于调整电子枪向左(或向右)移动截止点。当三支电子枪基准脉冲中的交流零电平由偏置控制电路调为一致时，CPU 确认三枪暗平衡已调好。

(3)控制调整 RGB 激励。激励控制电路的调节相当于白平衡调试中的亮平衡调整。由 I^2C 总线送来的亮平衡调整设置数据，经过三个 D/A 转换器译码，产生正比于三枪阴极电流的控制电流 IK,加到 AKB 电路比较器与基准电平进行比较放大,把决定亮平衡调整差值和方向的数据送到锁存器,CPU 通过 I²C 总线锁存器内三枪状态数据,然后去调整三个激励放大器的交流增益,使其输出的基准脉冲幅度与色温设定时的基准脉冲一致。CPU 通过检测三个激励级输出的基准脉冲比例达到色温设置时的比例,确认三枪亮平衡已调好。

利用黑电平 AKB 调整暗平衡和利用白电平 AKB 调整亮平衡,是定时地按 R:第 17 行; G:第 18 行;B:第 19 行进入,并且与状态读出的时序相同步,AKB 调整原理方框图如图 2-19 所示。

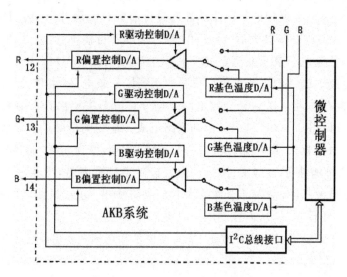

图 2-19　AKB 调整原理方框图

六、行/场扫描小信号处理

行/场扫描小信号处理单元电路由 N103 的⑮~㉑脚和相关外围元件组成,主要包括行/场同步分离,集成 4MHz 晶振振荡电路,AFC₁ 和 AFC₂ 双锁相环,行/场分频器,行/场激励输出缓冲级,50/60Hz 识别和场抛物波形成电路等。其工作任务是为行/场输出级提供行频激励脉冲和场锯齿波激励脉冲,推动行/场输出级完成电子束水平、垂直方向的扫描。

(1)同步分离电路。同步分离电路由 N103 内部集成行同步分离和场同步分离两部分组成。采用幅度分离法分离出复合同步信号和宽度分离法分离出场同步信号。

幅度分离后的负极性同步脉冲由比较放大器倒相输出正同步信号,分成三路:一路作为参考信号送去行 AFC₁;第二路送去积分电路,分离出宽度较大的场同步信号;第三路送往行一致性检测电路,通过检测行脉冲与 N103 的㊹脚输入的行逆程脉冲是否同时到达。确认行扫描电路是否真正处于同步状态。

(2)行扫描电路。LA7693X 内部集成了一个振荡频率为 4MHz 的 H_VCO,省去了外部的定时元件,仅在⑱脚外接一个设定参考电流的电阻(R327)。在 N103 的⑲脚加上+9V 电压,行 VCO 产生 4MHz 振荡脉冲,经 256 次分频后送去行计数器,在 CPU 通过 I²C 总线送来的设置数据控制下,将计数调整的 fH 脉冲送到行 AFC₁ 电路,与来自电视信号的行同步脉冲进行相位比较,得到与两个信号相位误差成正比的误差电流,再经 N103 的⑳脚外接 R325、C332、C333 平滑滤波,得到误差电压去控制行 VCO 的振荡频率,使分频后的 fH 脉冲与视频信号的行同步脉冲同频同相。

通过 AFC$_1$ 锁相,与电视节目严格同步的行频脉冲一路送往场分频电路;另一路送到 AFC$_2$ 电路,与来自行输出变压器,从 N103 的㊹脚输入的行逆程脉冲进行相位比较,产生的误差电流由内置的低通滤波器平滑滤波,得到直流误差电压去控制行频 f$_H$ 脉冲移相的大小,调整行相位以使图像中心在水平方向与显像管屏幕几何中心重合(行中心调整)。

经过 AFC1 和 AFC2 锁相的行同步脉冲通过行前置放大缓冲后,从 N103 的㉑脚输出,送去行推动级(V401)进一步放大后,经 T401 耦合去驱动行输出管,使之在行偏转线圈中产生行锯齿波电流,控制电子束从左至右进行水平方向的扫描。

(3)场扫描电路。经 AFC$_1$ 锁相的行频脉冲送到场分频电路,由积分电路分离出的场同步脉冲作为计数复位脉冲也送到场分频电路。场分频电路主要由计数分频器、逻辑控制电路和 50Hz(PAL 制)/60Hz(NTSC 制)识别电路组成。在场同步脉冲和 50Hz/60Hz 识别电路的控制下,计数分频器对输入的行频脉冲进行计数分频,得到 50Hz 或 60Hz 的场频脉冲。

计数分频产生的场频脉冲经缓冲后,去触发控制单稳态电路,再经过 N103 的⑯脚外接 C325 形成场频锯齿波脉冲,由内部缓冲放大后从⑰脚输出,送去 N440 功率放大后,在场偏转线圈中激发水平线性磁场,从而控制电子束进行垂直方向的扫描。

N103⑰脚输出的场频锯齿波 S 校正、场线性校正和场幅调整等均受 CPU 通过 I^{2}C 总线控制。

活动五 认识康佳 P21SA390 行、场输出电路

与通常的 CRT 彩色电视机一样,三洋 LA7693X 输出的场锯齿波信号不能产生足够的偏转磁场,必须加以功率放大。P21SA390 采用 STV9302 或 LA78040 作为场输出功率放大。

一、场输出功率放大集成电路

康佳(三洋超级芯片)"SA"系列彩电采用 STV9302 或 LA78040 等集成块来完成场输出任务,LA78040 内部电路与 LA7840 完全一样,只是外部采用小型化封装,引脚排列与 LA7840 有所不同。STV9302 和 LA78040 内部结构基本相同,引脚排列及功能完全一样,可以直接互换。

(一)STV9302A

STV9302 是世界十大半导体公司之一的意法半导体公司的产品,其内部框图和引脚功能见图 2-20。其典型的使用参数为,②脚电源电压额定值为 35V,最高可达 40V,输出峰值电流 2Ap－p,逆程峰值电压为 70Vp－p。该集成电路可用于电视机或电脑显示器。用于彩显时,其④脚可接负电源而采用 OCL 场输出电路。

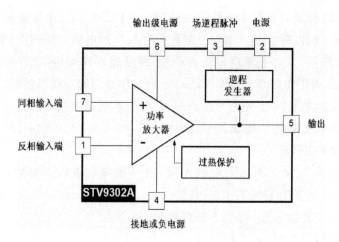

图 2-20　STV9302 框图及引脚功能图

（二）LA78040

LA78040 是日本三洋公司小屏幕机常用的场输出集成电路。其内部结构与 LA7840 一样，只不过采用了小型化封装，引脚排列和 LA7840 不一样，见图 2-21。典型的使用参数为，②脚电源电压额定值为 24V，最高可达 35V，输出峰值电流 1.5Ap－p，逆程峰值电压为 70Vp－p。

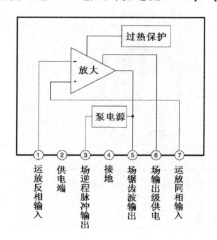

图 2-21　LA78040 框图及引脚功能图

二、场输出电路原理与检修

（一）电路分析

N103⑰脚输出的场锯齿波脉冲，经 R328、R420 耦合，输入到 N440 的①脚，经内部电路放大后，从 N440 的⑤脚输出至场偏转线圈 V1 端，场偏转电流从偏转线圈 V2 端流出，经C429（1000μF/35V）、R442（1Ω/1W），回到电源的负端（接地端），形成回路，即场锯齿波电流流过偏转线圈的路径是：N440 的⑤脚→场偏转线圈→C429→R442→地。场锯齿波电流在R442 上产生的压降，一路经 R421、VD421 送去场保护电路；另一路经 R433、C428、R432、R431 等 RC 网络反馈到输入端，用于补偿垂直扫描的非线性失真。

VD420 与 C422 构成自举升压电路,在场输出正程期间,25V 电源通过 VD420 和 N440 的③脚内部电路向 C422 充电,在 C422 上充有大约 25V 的电压;在场逆程期间,25V 电源通过 N440 的内部电路与 C422 上充电电压相叠加,使场逆程期间输出级电压上升到 50V 左右,提高了输出电路的工作效率。若 C422 失效,会在图像顶部出现回扫线。

R425 与 C427 起阻尼作用,它们可使场逆程期间,场偏转电流在偏转线圈中的急剧变化所产生的自感电动势加快泄放,缩短场逆程时间。R424、C426 为吸收回路,用于防止产生数倍场频的"高频"自激振荡。

LA78040 的⑦脚为放大器的同相输入端,为不影响前级放大电路,采用 9V 电源经 R427 与 R429 分压,固定其直流工作点,并接入 C425 防止交流信号干扰。若 R427 开路,⑦脚电位下降接近 0V,则会出现一条水平亮线故障。

(二)LA78040 检修数据

LA78040 在康佳 P21SA390 中的检修参考数据如表 2-8 所示。

表 2-8　LA78040 在康佳 P21SA390 中的检修参考数据

引脚	符号	功能	直流电压(V)	对地电阻(kΩ)	
				红笔接地	黑笔接地
1	+NV. IN	反相输入	2.46	8.5	5.6
2	VCC	供电	25	30	3.5
3	PUMPOUT	场逆程脉冲输出	2.0	25.5	5.8
4	GND	接地	0	0	0
5	VER. OUT	场锯齿波输出	14.2	34	5.1
6	OUTPUTSTAGE VCC	场输出级供电	25	2000	5.3
7	NONINV. IN	同相输入	2.4	5.1	4.8

注:以上电阻值数据是用 500 型万用表 R×1k 档测量所得。

三、行输出及中、高压电路

N103 的㉑脚输出的行同步脉冲,经 L301、R361、R416 送到行激励管 V401 的 b 极,V401 倒相放大后的行同步脉冲,经 T401 耦合至行输出管 V402 的 b 极,从而控制行输出管 V402 饱和导通或截止,在行偏转线圈中产生锯齿波电流。R401、C404 及 C408 的作用是吸收 V401 截止时,在 T401 初级产生的尖峰电压。B+经 R402 限流、降压为 V401 提供 C 极电流,C406 是去耦电容。若 C406 开路,则会引起行激励功率不足,行输出管容易发热烧坏。

行输出级的局部电原理图见图 2-22。行输出管 V402 的 C 极所接 C402、C403 是行逆程电容,V402 内含阻尼二极管。行偏转线圈一端(H1)接逆程变压器①脚和 V402 的 C 极,另一端(H2)通过饱和电抗器 L401、S 校正电容 C405,与电源负端(接地)相连,完成行扫描的任务。与众不同的是,该机在 S 校正电路中,并入由 VD402、C409 和 R412 构成的行线性补偿电路,其基本原理是利用二极管的单向导电特性,使电容 C409 充放电的 RC 时间常数不同,配合饱和电抗器 L401,补偿行输出管以及阻尼管在行扫描正程产生的非线性失真。

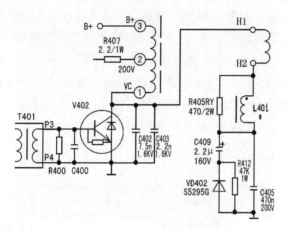

图 2-22 行输出级的局部电原理图

行输出级产生的逆程反峰电压,通过 T402 的次级绕组产生各级中、高压,供给显像管周边电路,其中绕组②脚输出脉冲与直流 B+叠加,再经 VD404 整流、C415 滤波,获得约 200V 直流电压,供给视放级;绕组⑧脚输出的逆程脉冲,一路送去显像管灯丝,供给灯丝加热阴极,另一路送去过压保护电路;绕组⑩脚输出的行逆程脉冲,经 R419 限流,VD405、VD406 箝位限幅后,再经 R624、R380 分压,输入 N103 的⑭脚,用作 AFC$_2$ 参考信号,该信号的有无,可影响到行中心的调整以及行左、右消隐的设定。

活动六 康佳 P21SA390 伴音音频放大电路

一、伴音功放集成电路 LA42000

伴音功放原图用 DTA7253,实际产品改用了三洋的 LA42051。表 2-9 给出了三洋 LA42000 系列产品功能参数。

表 2-9 三洋 LA42000 系列产品功能参数

型 号	输出功率	声 道		音量控制
		单声道	立体声	
LA42051	5W	√	—	无
LA42052	5W	—	√	无
LA42351	5W	√	—	有
LA42352	5W	—	√	有
LA42071	7W	√	—	无
LA42072	7W	—	√	无
LA42152	15W	—	√	无

日本三洋生产的 LA42051 伴音功放集成电路,是 LA42000 系列产品中输出功率为 5W,无音量控制的单声道功放集成电路。典型产品 LA42152 内部框图及引脚功能见图 2-23。该芯片内含 V_{CC} 与地短路保护电路、负载短路保护电路、过热保护电路。其中,②、④脚是音频信号输入端,输入电阻为 20～39kΩ。⑤脚是待机控制端,0～0.5V 时待机,待机电流 10μA;2.5～20V 时放大器工作。⑥脚是静音控制,外加电压≥1.7V 时静音启动。⑧、⑫脚分别是左右声道同相输出端,⑨、⑪脚分别是左右声道是反相输出端,它们可分别用耦合电容串入喇叭(对地)作 OTL 单端输出,也可将两脚串入喇叭,连接成 BTL 输出。LA42051 内部电路作了简化,②、⑨、⑪、⑫、⑬脚未用。

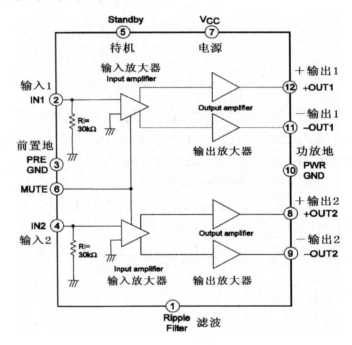

图 2-23　LA42152 内部框图及引脚功能图

二、伴音功放电路

康佳 P21SA390 伴音功放电路实测电原理图见图 2-24。

从 N103 ⑥脚输出的伴音音频信号,经 R326、C268、R204 及 C230 耦合至 N201(LA42051)的④脚,经 LA42051 内部放大电路逐级放大后,从⑧脚输出,再由 C208 输出至扬声器。该芯片所有电源由开关电源提供,开关变压器次级②脚电流,经 VD955 整流、C965 滤波,得到 19V 直流电压,再经 L201、C218 滤波,送至 N201 的⑦脚。

N201 的⑥脚 MUTE(静音)未用,为防止干扰信号窜入引起错误动作,该脚接一电容 C233 到地。静音控制改在 N201 的①脚,正常收看收听时,N201 的①脚为高电平(约 8.6V),当 CPU 发出静音控制信号时,N103 的㉚脚输出高电平,通过 R650、VD203、R218 控制 V201 饱和导通,使 N201①脚变为低电平(约 0.9V),使 LA42051 前置放大级停止工作,无伴音输出。

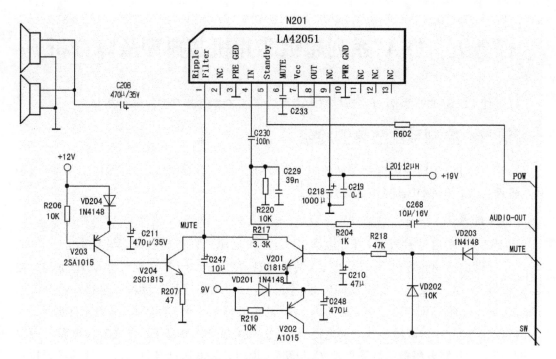

图 2-24　康佳 P21SA390 伴音功放电路实测电原理图

三极管 V202、V203 及 V204 构成关机静音电路。正常开机时,电容 C211 充有 11.3V 电压,而 V203 处于反偏截止状态,V204 也截止;此外,电容 C248 也充有 8.3V 电压,而 V202 也处于反偏截止状态,它们对 N201 的①脚没有影响。关机瞬间,12V、9V 电源很快消失,此时,电容 C211 上所充电荷通过 V203e 极→V203b 极→R206→12V 电源等效电阻→地放电,V203 导通,V203 输出高电平,使 V204 饱和导通。另外,电容 C248 上所充电荷也通过 V202e 极→V202b 极→R219→9V 电源等效电阻→地放电,使 V202 饱和导通,V202 的 c 极输出高电平,通过 VD202 加到 V201 的 b 极,使 V201 饱和导通。V201、V204 同时饱和导通,使 N201①脚变为低电平,LA42051 前置放大级停止工作,无伴音输出,避免关机时喇叭发出"噗"的响声。V202 还兼有关机消亮点的作用,同学们可自行分析。

LA42051 的⑤脚为待机控制端,待机时,N103 的㊱脚输出低电平,除控制电源处在待机状态外,还通过 R602 使 N201⑤脚电位从 1.3V 拉低到 0.5V,LA42051 处于待机状态,伴音功放电路电流≤10μA,大大节约了能源。实测 N201 正常工作时各脚电压如表 2-10 所示。

表 2-10　N201 正常工作时引脚电压值

脚号	①	③	④	⑤	⑥	⑦	⑧	⑨	⑩	⑪	⑫
电压(V)	8.6	0	1.4	1.3	12	19	9	0	0	0	0

注:接地脚、空脚(NC)电压均为 0V。

任务五 "SA"系列超级芯片机芯典型故障分析

以康佳 P21SA390 为例,介绍康佳"SA"系列超级芯片机芯典型故障分析。

活动一 控制系统故障的检修

LA76931 内 CPU 控制电路常见故障包括:不能开机,不能预置选台,无记忆功能,遥控和本机键失效,TV/AV 选择功能失效等。

一、不能开机

P21SA390 的启动过程是:打开电源开关,开关电源处在待机状态,V905 截止,N903、N905 均无输出,N904 输出 S+5V 电压,供给 CPU 使用。S+5V 还通过 VD610、R692,使电源指示灯 VD610 发光。数秒后 CPU 自检正常,自动从待机状态转入工作状态,N903 输出的 9V 电压,通过 VD611、R691 加到 VD610 的负极,使 VD610 反偏截止,电源灯熄灭。

所以,不能开机的故障涉及开关电源、CPU 控制电路和 ON/OFF 方式转换电路。检修方法是开机时观察电源指示灯是否发光,若发光,说明开关电源已经供电。数秒后或者按遥控开机键,或按本机节目"+""—"键,若电源灯不熄灭,说明 CPU 未进入工作。重点查 CPU 供电(N103㉟脚 VDD)+5V 电压,㊵脚复位信号㉝、㉞脚时钟晶振,㉑、㉜脚的 I²C 总线电压和总线挂接的存储器是否失效。

若电源指示灯发光→熄灭→发光,并且测量开关电源次级电压时,出现电压表指针摆动的现象,则是电源次级负载有短路现象,应逐个排查。

开机时观察电源指示灯不发光,除行管击穿、S 校正电容击穿等严重短路故障,使电源不能启动外,故障在开关电源电路,按电源检修方法检修。

二、不能预置选台

康佳 P21SA390 采用频率合成高频头,若不能预置选台,则测量高频头 U101⑦脚的+5V 工作电压,U101⑨脚+33V 调谐电压,如这两脚电压正常,则应检查 U101④、⑤脚总线工作状态。在预置选台时,用指针式万用表测量 U101④、⑤脚电压,应为 4.6V 左右且表针微微抖动。还可以接入维修模式,看看是否在功能设置上出错,例如将调谐器模式误设为电压合成模式了。

三、无记忆功能

无记忆功能表现为自动搜索捕捉的电台位置数据不能存储。这类故障可以分两种情况考虑:一是自动搜索过程中屏幕上节目号不翻转,始终为开始搜索时的节目号数字;二是选台时频道节目号能够连续加 1 递增,搜索结束后又丢失电台位号信息而收不到台。后者在检查存储器 N602 外围电路无异常时,一般是存储器性能不良。在更换存储器 N602 后,先进行初始化,然后再进入维修模式按维修手册规定的项目进行调整。

自动搜索节目号不翻转时,可根据搜索画面有无瞬间停顿感来确认故障原因,如果搜索的画面一闪而过,毫无减慢、停顿的感觉,则是电台识别信号丢失,由于作为电台识别的复合同步信号是由内部同步分离电路送去 CPU,因此解决的方法只有更换超级芯片。如若搜索到清晰画面,搜索速度减慢似有停留感,则是 AFT 信号不合格或丢失,这时应重点检查 N103 的㊾脚外接 AFT 检波滤波元件 R125、R124、C138,这些元器件是否有失效或虚焊。

四、遥控或本机键失效

遥控功能全失效时,应先分清是遥控器坏,还是遥控接收电路故障。对于遥控器,可借助于手机摄像头观察有无红外光脉冲输出。接收电路故障主要检查接收头+5V 供电是否正常,按下遥控器按键时,检测 XS602⑤脚(REMO)电压是否有变化,万用表指针是否抖动,若指针静止无变化,则为接收头坏。若指针抖动,则查 R656、R645 是否有虚焊。此外,遥控器晶振频率变化,也可导致输出编码错误而造成遥控全功能失效,可更换遥控器内晶振试试。

在彩电面板共设有 6 只轻触按键,若 6 只键都失效,查按键公共电路中的 R630、R688,接插件 XS602 的①②脚及相关焊点。若是单个按键失效,查对应的轻触按键及对应与之相连的电阻。按键电路中所用电阻为高精度电阻,误差±1%。更换时请注意,阻值误差太大时,CPU 不能正确识别。

活动二 图像伴音系统故障检修

图像、伴音系统的常见故障主要有:无图像,无伴音,无光栅有伴音,有图无伴音,图像无彩色等等。

一、无图像无伴音

无图像、无伴音、有光栅的故障出在公共通道,包括高频调谐器 U101、预中放 V101、声表面波滤波器 N102 和 N103 中的图像中放单元。

取消彩电蓝背景功能后,若屏幕上出现雪花点噪波,可用万用表表笔碰触干扰 N103 的㊿、㊽脚,屏幕出现跃动的水平干扰条纹时,说明故障在前级输入电路,接着手持万用表笔,利用人体感应信号干扰 N102①脚和 V101 基极,若干扰 N102 的①脚没反应,可试用0.01μF 高频电容跨接在 N102 的①~④脚、或①~⑤脚之间,若有信号,更换 N102;若干扰 V101 基极没反应,应查 V101 的 b 极、c 极电压,或用电阻法检测 V101 是否损坏。对于高频头 U101,重点查+5V、+33V、RF—AGC 电压是否正常,SCL、SDA 电压是否正常,软件设置是否有错误,如检查无异常,只有更换高频头了。

取消蓝背景后,屏幕呈一片白光栅,或光栅很暗仅能看到菜单字符,干扰 N103 的㊿、㊽脚无反应,表明故障在 N103 内部中放电路或外围相关电路。先测量 N103⑧脚中放单元电路+5V 供电。若电压正常,则着重检查 N103 的㉖脚输出视频信号→V302→N103 的㊻脚外围元件(无视频信号会静音,引起无图无音现象)。

取消蓝背景后,屏幕白光栅有稀疏的雪花点,可检查②脚 PIF AGC 电压(中放 AGC 电压高低反映内部三级中放增益,低于 0.6V 时,中放通道会关闭);㊾脚 AFT 滤波电压(电压偏移会引起 38MHz 图像中放载波频率偏移)。若上述检查没有异常,则可考虑更换超级芯片 N103。

二、无光栅、有伴音

有伴音说明公共通道工作正常,CPU 也检测到复合同步信号和行、场同步信号(否则会启动静音功能),此时应着重检查显像管灯丝供电电路,加速极电压以及 N103 的⑪脚 RGB 单元电路供电,是否符号正常工作状态要求。如上述电路无异常,则可考虑更换超级芯片。

三、有图像无伴音

无伴音一般是伴音通道故障,可用金属镊子干扰伴音功放的音频信号输入端,即从 N201④脚→R204→C268 负极→C268 正极→R326→N103⑥脚,听喇叭有无反应。若有"喀喀"声,说明音频放大电路正常,无伴音故障发生在 N103 第二伴音中频处理电路。

对于 N103 第二伴音中频处理电路,主要查其⑦脚外接环路滤波 C337、C338 及 R338 是否失效或虚焊;再查④脚鉴频器滤波电路 C349、C352、R395;①脚~③脚第二伴音信号耦合元件,是否有失效、损坏或虚焊。

如果干扰 N201④脚时,喇叭没反应,应查 N201①脚电压是否过低(静音误动作);音频电路供电是否正常;输出耦合电容、喇叭是否损坏。

四、图像无彩色

LA76931 已内置 PAL/NTSC 解码器,并具有自动识别功能,与色解码有关的只有 N103㊿脚的 4.43MHz 晶体振荡器和耦合电容 C328;㊶脚外围锁相环滤波网络;㊼脚色副载波自动相位控制器(APC)滤波网络;以及㊸脚基带延时电路供电端。检修时,可利用 DVD 机从 Y、Cr、Cb 端口输入 DVD 分量信号,如果有彩色,说明故障在基带延时线之前的色解码电路,重点查 N103㊿脚晶振 Z341;㊼脚外围 C345、C344、R346、R353。㊶脚外围 C619、R632、C623、R625。如果输入 DVD 分量信号也无彩色,应着重查㊸脚 CCD-Vcc 供电,若供电正常,可考虑更换 LA76931。

活动三 行、场扫描系统故障检修

行、场扫描系统故障主要包括无光栅、同步不良、光栅几何失真、光栅几何中心位置偏移、一条水平亮线、垂直亮线、图像顶部有回扫线等。

一、无光栅、无伴音

无光栅无伴音现象与不能开机相似,都表现为三无,其范围涉及行扫描系统。检查时先测量 N103⑩脚 ABL 控制端电压,如果该脚上拉电阻 R350 开路,或 R409、R410 开路,C343 击穿,使⑩脚电压下降到 0.6V 以下,也会出现无光栅现象。然后观察显像管灯丝是否点亮,若灯丝不亮,则故障一般在行扫描前级、推动级或行输出电路。测量行输出管基极是否有 0.15V 负压。若有,查行输出级,即行输出管 V402C 极供电回路是否正常,行输出变压器 T402 初级引脚①、②有无虚焊。若行输出管 V402 基极无电压,则查行推动管 V401 基极有无 0.3V 正偏压。若有 0.3V 正偏压,查行推动级 V401 是否损坏,V401c 极供电是否正常,R402 是否开路或虚焊。若 V401b 极无电压,则故障在 N103 内部行扫描小信号处理电路,重点查 N103 的⑲脚行电路＋9V 供电,⑱脚行 VCO 参考电流设置电阻 R307,这些元件有无损坏及虚焊。

二、同步不良

同步不良的主要原因有两个:一是超级芯片 N103 内部同步分离电路工作异常;二是 N103⑳脚行 AFC 环路滤波元件 C332、C333、R325 损坏,使得行 VCO 频率及相位失锁而工作在自由振荡状态。此外,N103 的⑲脚供电电压偏低(＜5V),也会造成行 VCO 工作不稳定而出现行不同步故障。

三、场电路异常

本机设置有场保护功能,在场扫描电路出现故障时,V906 的 b 极电位上升,V906 饱和导通,则开机/待机信号变为低电平,电源进入待机状态,以防出现一条水平亮线而灼伤显像管的荧光粉。因此,当行电路产生严重故障时,会出现无光栅、不能开机的现象。

当出现自动关机时(有时可看到出现一条水平亮线数秒关机),断开 VD421,若开机出现一条水平亮线,不再出现自动关机现象,说明场偏转电路异常。此时,若用金属镊子干扰 N440①脚,水平亮线能展宽 5～6 厘米并且跳动,说明故障在 N103 内场扫描部分。检查 N103⑯脚场锯齿波形成电容 C325、C326,检查 N103⑰脚至 N440①脚间耦合元件,如外围元件没有问题,就需要更换超级芯片。

若干扰 N440①脚时水平亮线仅微微抖动,则着重检查 N440 的②脚和⑥脚供电,⑦脚外接 R427 是否开路,⑤脚输出的场锯齿波电流回路元件 C429、R442 及场偏转线圈有无虚焊、开路。若在关机状态测得 N440 的⑤脚对地电阻仅数欧姆,则有可能 N440 内部输出级已击穿,只有更换 N440 了。

复习与思考

1. 彩色的三要素是_____、_____、_____。

2. 三基色原理的内容是:彩色电视技术中选择_____、_____、_____作为三基色,任何彩色都可以分解成_____,自然界中几乎所有的彩色都可以由_____混合而成,混合彩色的色度由_____决定,混合彩色的亮度等于参与混色的基色的_____。

3. 基本的相加混色方程:

红＋绿＝_____　　红＋蓝＝_____　　绿＋蓝＝_____　　红＋绿＋蓝＝_____

4. FBAS 由_____、_____、_____、_____和_____等组成。

5. 简述彩色编码的过程。

6.画出高频彩色电视信号的频谱图。

7.请说明什么叫图像信号、模拟图像信号、数字图像信号。

8 请说明什么叫逐行扫描？什么叫隔行扫描？

9.电视技术中为什么要采用隔行扫描？

10.什么叫视频信号？视频的频率范围是多少？

11.消隐信号的作用是什么？

12.同步信号的作用是什么？

13.彩色电视机中为什么不直接传送三基色信号，而将其变换为一个亮度信号和两个色差信号进行传送？为什么不直接传输绿色信号 $G-Y$？

14.在处理色度信号过程中，为什么要将色差信号 $R-Y$ 和 $B-Y$ 的幅度进行压缩？压缩系数各为多少？

15.什么是 NTSC 制？什么是 PAL 制？这两种彩色电视制式之间有何异同？

16.简要说明 PAL 制是怎样克服 NTSC 制的相位敏感性这一缺点的。

17.遥控彩色电视机的组成包含_____、_____、_____、_____四大系统。

18.简述彩色电视机的信号系统的组成及作用。

19.简述彩色电视机色度信号处理电路的作用。

20.电视机根据不同分类的种类。

21.LA76931 的功能是什么？

22.LA76931 的特点？

23.超级芯片电视机的方框结构？

24.根据 LA76931 的引脚功能，分别列出和每部分功能电路相关的引脚，填入表 2-7 中。

表 2-7　LA76931 的引脚功能

功能	引脚
中频信号处理	
视频检波	
伴音处理	
彩色解码	
行扫描	
场扫描	
选台	
存储	
遥控开关机	
遥控接收	

25.简述开关电源的优点？

26. 简述开关电源的基本工作过程？

27. 简述康佳 21 英寸 SA 系列机芯的低频整流滤波电路的组成和工作原理？

28. 简述康佳 21 英寸 SA 系列机芯脉冲振荡电路的组成？画出相应电路图？

29. 康佳 21 英寸 SA 系列机芯是怎样实现稳压的？

30. 康佳 21 英寸 SA 系列机芯是怎样实现过流过压保护的？

31. 简述康佳 21 英寸 SA 系列机芯待机控制的基本原理？

32. 电压合成式高频头的特点有哪些？有哪些主要缺点？

33. 频率合成式高频头的优点有哪些？

34. 简述康佳 21 英寸 SA 系列机芯高频头的工作过程？

35. TDF－3M3S 电压合成式高频头的主要参数有哪些？

36. LA76931 的 CPU 主要接口有哪些？分别与哪些引脚有关？

37. 简述复位电路的工作原理。

38. 本机键盘的识别方法是什么？简述其工作原理。

39. 分析本机键盘典型故障及检修方法。

40. 简述 LA76931 中频图像信号处理过程。

41. 简述 LA76931 亮度信号处理过程。

42. 简述 LA76931 伴音中频处理过程。

43. 简述 LA76931 色度解码的基本流程。

44. ACK 电路的作用是什么？有那三大功能？

45. 简述 LA76931 同步电路的特点。

46. 简述 LA76931 色度解码的基本流程。

47. 简述 LA76931 行、场扫描信号处理的基本流程。

48. 简述 LA78040 的功能及引脚功能。

49. 简述康佳 P21SA390 行输出电路的特点。

50. 简述康佳 P21SA390 伴音功放的工作过程。

51. 简述康佳 P21SA390 的静音电路工作原理。

52. P21SA390 控制系统有哪些典型故障？它们的检修思路是什么？

53. P21SA390 图像、伴音系统有哪些典型故障？它们的检修思路是什么？

54. P21SA390 行扫描系统有哪些典型故障？它们的检修思路是什么？

55. P21SA390 场扫描系统有哪些典型故障？它们的检修思路是什么？

56. P21SA390 开关电源系统有哪些典型故障？它们的检修思路是什么？

项目三　CRT彩色电视组装、调试与检修

📖 教学目标

1. 根据元件清单，认识实训机芯的各类元器件，会检测的参数。

2. 熟悉 CRT 彩色电视机的各类元器件的安装和焊接技巧。

3. 会调试和检修开关电源。

4. 会调试和检修扫描电路。

5. 会调试和检修亮度、色度通道。

6. 会调试和检修公共通道。

7. 会调试和检修末级视放电路。

8. 会调试和检修伴音电路。

9. 会调试和检修调谐电路和遥控电路。

10. 会对 CRT 彩色电视机进行整机调试。

11. 会综合检修 CRT 彩色电视机的故障。

任务一　实训用 LA76931 机芯的组装

任务目标

(1) 会检测与组装 LA76931 机芯的电阻、非电解电容、电解电容器。

(2) 会检测与组装 LA76931 机芯的二极管、三极管及集成电路。

(3) 会检测与组装 LA76931 机芯的特殊元器件。

任务器材

LA76931 机芯彩色电视机电路板套件、电烙铁、万用表、元器件清单、电路原理图纸。

任务操作

一、熟悉电路板及元器件

1. 识读电路图，完成下表 3-1

表 3-1　实训机型电路板功能区及元件编号

功能区	元件编号	功能
高频区	"1",如 R111,C121 等	高频调谐及预中放
图像及伴音小信号、彩色解码、CPU	"2",如 R212 等	中频图像及伴音信号处理、彩色解码、CPU
枕形校正	"3",没装	枕形校正电路
行场扫描电路	"4",如 V432	行场扫描电路
开关电源	"5",如 V513	开关电源电路
伴音功放	"6",如 C652	伴音功率放大
遥控面板控制、CPU 接口	"7",如 G701	遥控控制
输入输出接口电路	"8",如 R832	AV 接口
视频放大及显像管附属电路	"9",如 R912	视频放大及显像管供电

2. 识读电路板印制板

在印制板电路上,找到每个功能区,方便于元器件安装位置的寻找。在图 3-1 电路印制板上找到每个功能区的位置。

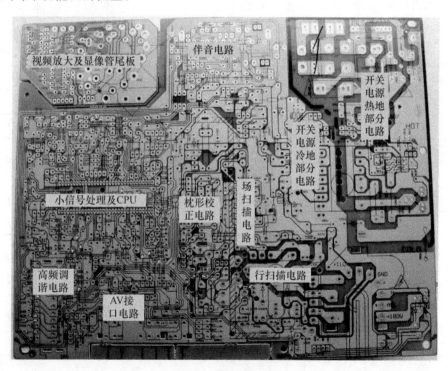

图 3-1　电路印制板

3. 元器件清单

表 3-2　元器件清单

LA76931 主板原件明细				
品名	用量	元件编号	检测数据	质量判断
电容类				
CT81－12C－2R－2KV－1000pF－K	1	C939		
CD110－16V/50V－1uF－M 电解电容	7	C117 C204 C211 C212 C407 C652 W104		
CD110－16V/50V－2.2uF－M	3	C203 C456 C722		
CD110－16V/50V－4.7uF－MC		103 C105（电压合成）		
CD110－16V/25V－10uF－M	1	C615		
CD110－16V/25V－47uF－M	4	C244 C604 C723 C574		
CD110－16V/25V－100uF－M	9	C101 C278 206 C404 C115 C572 C450 C601 C624		
CD110－16V/25V－220uF－M	1	C701 ∗		
CD110－16V/－330uF－M	3	C571 C656 934		
CD110－25V/－470uF－M	1	C564		
CD110－25V/－1000uF－M	1	C565		
CD110－25V/－2200uF－M	1	C457		
CD110－35V/50V－47uF－M	1	C434 ∗		
CD110－35V－100uF－M	1	C451		
CD110－35V－330uF－M	1	C677		
CD110－35V－470uF－M	1	C563		
CD110－50V－0.47uF－M	3	C208 C137 C729 C		
CD110－50V－1uF－M	2	C106 C454		
CD110－50V－4.7uF－M	2	C104 C708		
CD110－160V－1uF－M	1	C444		
CD110－160V－47uF－M	2	C561 C560		
CD110－250V－10uF－M	1	C439		
CD293－400V－100uF	1	C507		
CD71－BP－50V－1uF－M 无极性	1	C231		

品名	用量	元件编号	检测数据	质量判断
电容类				
CL11－100V－1500pF－K 聚酯膜电容	1	C124		
CL11－63V－0.01uF－J	1	C123		
CL11－63V－0.015uF－L	2	C406 C517		
CL11－63V－0.022uF－K	3	C120 C210 C515		
CL11－63V－0.027uF－K/0.022	1	C129		
CL11－63V－0.01uF	5	C118 C207 C408 514 C658		
CL11－63V－0.033uF/0.022uF	1	C721		
CL11－63V－0.47uF	2	C437A C403A		
CL11－100V63V－0.1uF	1	C459		
CL11－100V－0.033uF－K/0.047	1	C458		
R46－275VAC－0.1uF 金属聚酯膜电容	1	C501		
R76－1.6KV－8200PFY 高压聚丙烯电容	1	C435		
CBB214－250V－0.39uF/0.47 聚丙烯电容	1	C441		
250VAC－1000P/2200P 隔离电容	1	C533		
晶体管及其他元件				
电调谐高频调谐器	1	A101		
声表面 F3826C	1	Z101		
行输出变压器 BSC25－603F	1	T471		
开关变压器 BCK－207B－HH	1	T511		
电源滤波器 LQ0002	1	L501		
行线性线圈 LX0036	1	L441		
行推动变压器 HB－6－11(TX040)	1	T431		
保险管夹 BXGJ－1	2	FU501－1 FU501－2		
保险管 RSC－1－F－3.15A	1	RU501		
视频/音频插座组件 AV3－9/1－2	1	XS801		
像管座 GXS10－2－108R	1	XS901 CRT		
石英振荡器 JA18B－4.4336169MHZ	1	G201		

品名	用量	元件编号	检测数据	质量判断
电容类				
陶瓷振荡器 32.768KHZ	1	G701		
功率二极管:1N4004		VD451		
BYD331J	1	VD551		
EU2Z	4	VD435 VD553 VD554 VD555		
FR104Z	1	VD517		
TRM11C/T318E	5	VD448 VD503 VD504 VD505 VD506		
2SC2655Y	1	V512		
三极管:2SA1015－Y	3	V511 V601 V900		
2SC1815－Y	5	V551 V553 V553 V603 V701		
2SC1674	1	V102(PCB 无字符)		
2SC2482/F422	3	V902 V912 V922		
2SC2383－O	1	V431		
2SD2012	2	V507 V554		
2SD2498	1	V513		
TT2190/D5204	1	V432		
集成电路:UTC2003	1	N601		
KA33V	1	N705		
LA76931	1	N701		
LA78040	1	N451		
AT24C08	1	N702		
PC817B/C	1	N501		
PCB(247×197)				
1XH2.5－2A 针座	2	XP101 XS601		
XH2.5－3A 针座	2	XS702 XP801		
TJC1－2A 插座	2	XS501 XS502		
TJC2－4A 针座	1			
TJC2－5A 针座	1			
3x10 丝口帽	4			
散热器	1			

品名	用量	元件编号	检测数据	质量判断
电容类				
键控(KEY PCB)	1	A701（KEY PCB)		
红外线接收 0038	1	VD701(KEY PCB)		
发光二极管 LED705	1	SW701 SW702 SW703 SW704 SW705 SW706		
轻触开关 KQC－A57	6			
XH－2P＋SCN－2P300MM	1			
XH－3P＋SCN－3P300MM	1			
（XH－2P 单头线 400MM）	1			
（XH－4P 双头线 450MM）	1			
（XH－5P 双头线 450MM）	1			
电阻类元件				
RT13－1/6W－33kΩ±5％	1	R710		
RT13－1/6W－39kΩ±5％	2	R457 R120		
RT13－1/6W－68kΩ±5％	1	R104		
RT13－1/6W－82kΩ±5％				
RT13－1/6W－47kΩ±5％	3	R113 R114 R724		
RT13－1/6W－100kΩ±5％	2	R813 R815		
RT13－1/6W－150kΩ±5％	1	R554		
RT13－1/6W－330kΩ±5％	1	R403		
RT13－1/6W－390kΩ±5％	1	R204		
RT13－1/6W－470kΩ±5％	1	R709		
RT13－1/6W－1mΩ±5％	1	R722		
RT14－1/4W－22Ω±5％	1	R519		
RT14－1/4W－150Ω±5％	1	R400		
金属膜电阻:RJ14－1/4W－4.7kΩ±1％	1	R273		
RT15－1/2W－1Ω±5％	2	R459 R550		
RT15－1/2W－150Ω±5％	1	R768		
RT15－1/2W－180Ω±5％	1	R460		
RT15－1/2W－270Ω±5％	1	R434		

品名	用量	元件编号	检测数据	质量判断
电阻类元件				
RT15－1/2W－12MΩ±5％	1	R531		
RT15－1/2W－1kΩ±5％	2	R441 R433		
RT15－1/2W－1.5kΩ±5％	1	R233		
RT15－1/2W－2.7kΩ±5％	3	R908 R918 R928 CRT		
RT15－1/2W－22kΩ±5％	1	R446		
RT15－1/2W－47kΩ±5％	1	R555		
金属膜电阻:RJ15－1/2W－100kΩ±1％	2	R552		
RT15－1/2W－120kΩ±5％	1	R521 R520		
RT15－1/2W－220kΩ±5％	2	R501		
RY17－2W－1Ω±5％	1	R562 R569		
RY17－2W－1.5Ω±5％	1	R491		
RY17－2W－2.2Ω±5％	1	R436		
RY17－2W8.2Ω±5％	1	R571		
RY17－2W10Ω±5％	2	T572		
RY17－2W－68Ω±5％	1	R524 R525		
RY17－2W－10kΩ±5％	3	R718		
RY17－2W－12kΩ±5％	1	R907 R917 R927		
RY17－2W－15kΩ±6％	1	R551		
W106－2AA2.2K(微调电位器)	1	VR551		
RXG6－5W－1.8Ω（水泥电阻）/5D－11	1	R502		
RXG6－6W－5.6Ω(水泥电阻)	1	R470		
消磁电阻18Ω		RT501		
CC1－08A－CH－63V－10pF－J 低压陶器电容	1	C126		
CC1－08A－CH－63V－15pF－J/20P	3	C125		
CC1－08A－CH－63V－18pF－J/20P	3	C705 C704 C126		
CC1－10A－RH－63V－560pF－J/220P	1	C901 C911 C921		

品名	用量	元件编号	检测数据	质量判断
电阻类元件				
CT1－06A－2B4－63V－1000pF－K	1	C453		
CT1－06A－2B4－63V－1500pF－K	11	C124		
CT1－08A－2F4－63V－0.01pF－Z	1	C110 C111 C112 C119 C254 C405 C277 C803 C804 C703 C662		
CT1－07－B－500V/50V－10F 中压陶器电容	1	C461		
CT1－08C－2B4－500V－1000pF－K	1	C432		
CT1－08C－2B4－500V－3900pF/6N8－K	1	C433		
CT1－08C－2R－1KV/2KV－470pF 高压陶瓷电容	2	C551		
CT81－06C－2R－1KV－1000pF－K	1	C503 C506		
CT81－10C－2R－2KV－680pF－K		C516		
垮接线 5mm	2	w109 C811		
垮接线 7.5mm	27	R717 W111 W112 R716 R715 R714 W707		
		R712 W705 W216		
		W204 W521 W505 R567 W407 W415 VD562		
		W401 W512 W506 W502 R211 W213 W208 W203 W701 W212		
垮接线 10mm	13	W105 L101 W510 W706 W202 W214 W220 W217		
		R565 W511 W413 W414 L901		
垮接线 12.5mm	3	W834 W507 W500		
垮接线 15mm	5	W201 W835 W702 R470 W101(C809 正极－C813 负极 手工插)		

品名	用量	元件编号	检测数据	质量判断
电阻类元件				
垮接线 17.5mm	1	W703		
电感类				
固定电感：LGA0307－15uH－K	1	L121		
固定电感：LGA0307－1.8uH－K	1	L110		
二极管				
玻封二极管 1N4148	12	VD900　VD921　VD911　D901　VD602 VD603		
	1	VD401 VD402 VD516 VD518 VD514 VD601		
10V	2	VD507		
7.5V	1	VD519 VD411		
5.6V	4	VD509		
8.2V	1	VD201 VD202 VD203 ZD802		
5.1V	1	VD570		
6.2V	2	VD561		
碳膜电阻：RT13－1/6W－1Ω±5%	1	R452 R655		
碳膜电阻：RT13－1/6W－2.2Ω±5%	1	R634		
RT13－1/6W－27Ω±5%	1	R111		
RT13－1/6W－33Ω±5%	1	R243		
RT13－1/6W－56Ω±5%	3	R922 R912 R902 CRT		
RT13－1/6W－100Ω±5%	7	R745 R744 R721 R271 R107 R766 R801		
RT13－1/6W－150Ω±5%	1	R409		
RT13－1/6W－220Ω±5%	2	R624 R110		
RT13－1/6W－330Ω±5%	3	R906 R916 R926 CRT		
RT13－1/6W－390Ω±6%	1	R507		
RT13－1/6W－470Ω±5%	1	R201		
RT13－1/6W－560Ω±5%	3	R212 R202 R122		
RT13－1/6W－1kΩ±5%	6	R517 R458 R119 R109		

品名	用量	元件编号	检测数据	质量判断
电阻类元件				
		R615 R586		
RT13－1/6W－1.2kΩ±5%	1	R404		
RT13－1/6W－1.8kΩ±5%	6	R246　R245　R244　R904 R914 R924		
RT13－1/6W－2.2kΩ±5%	1	R526		
RT13－1/6W－3.3kΩ±5%	4	R523 R402 R123 R454		
RT13－1/6W－4.7kΩ±5%	4	R566 R749 R747 R734		
RT13－1/6W－5.6kΩ±5%	4	R511 R451 R108 R533		
RT13－1/6W－10kΩ±5%	13	R121 R232 R561 R564 R621 R623 R652 R652 R453 R708 R412 R413 R735 R900		
RT13－1/6W－12kΩ±5%	1	R455		
RT13－1/6W－15kΩ±5%	2	R522 R456		
RT13－1/6W－18kΩ±5%	1	R103		
RT13－1/6W－22kΩ±5%	2	R515 R556		
RT13－1/6W－24kΩ±5%	2	R205 R206		
RT13－1/6W－27kΩ±5%	1	R711		

二、电阻器的安装

(1)小功率电阻和跳线已经插装在电路板上了,每焊接一个,在元件清单上打上钩。注意不漏焊和焊点的质量,要求焊点光滑圆润,与电路板浸润良好。

(2)大功率电阻安装先要造型,离电路板3～5 mm高,焊接时,时间稍长,保证电路元件良好好焊接。

三、电容器的安装

(1)小容量低耐压的非电解电容和电解电容都已插装好,只需要良好焊接,每焊接一个,在元件清单上打上钩。注意不漏焊和焊点的质量,要求焊点光滑圆润,与电路板浸润良好。

(2)根据清单安装大容量电解电容,注意紧贴电路板,焊接良好。电解电容要注意检查容量和耐压,特别注意极性不要装反。

(3)高耐压的非电解电容,注意引脚造型,安装牢靠,焊接良好。

四、二极管的安装

(1)小功率二极管已经插装在电路板上,在焊接前再次检查二极管的极性是否装反,用万用表检测二极管有无损坏,然后良好焊接。

(2)大功率二极管安装前,逐一检测好坏,注意极性,安装时离电路板有 3～5mm 的间距。

五、三极管的安装

(1)根据电路原理图,找到安装位置,并用万用表检测三极管的极性和确认管脚,注意不要插错。

(2)大功率三极管注意散热片的安装,散热片焊接时加热时间要长一点,注意焊接良好。

六、集成电路安装

(1)注意集成电路的凹口与电路板一致,绝对不要装反。插装上去后,再次检查,把集成电路正对自己,有小圆点的为第一引脚,逆时针方向引脚数量增加。

(2)注意脚孔不要插错。

(3)焊接时,注意引脚不要短路,用锡量不能太多。

七、其他元件安装

(1)开关变压器、行输出变压器、行激励变压器安装前注意检测好坏,引脚孔不要插错。

(2)跳线已经插装在电路板上,注意不要漏焊。

(3)电源插座、排线插座、保险管座、显像管尾座注意插装引脚的位置及方向,焊接要良好。

焊接完毕后,根据电路图,再次检查元器件是否有错装和漏装的,检查无误就可以通电调试和检修了。

任务二　开关电源的调试与检修

一、开关电源电路简介

电源电路由整流滤波电路、间歇振荡电路、控制电路和输出整流滤波电路组成,该电路采用自激励调宽式开关稳压电源。由 VD503～VD506、R502、C507 等组成电源整流滤波电路,它将 220V 的市电,转换成 300V 左右的直流电,供给开关管 V513 集电极。V513 与开关变压器 T511 的①－②、③－⑦脚组成间歇振荡器,在 T511 的次级上形成矩形脉冲输出,经 VD551 和 C561、VD553 和 C563、VD554 和 C564、VD555 和 C565 等元件组成的输出整流滤波电路后,分别输出＋110V 主电源给行输出级、＋25V 给场输出电路、＋11V 和＋12V 给伴音电路的直流电压,另外还提供不可控 5V 直流电压给 CPU 的 35 脚、可控 5V 给小信号处理电路和可控 9V 给行振荡。矩形脉冲的占空比由控制电路进行调整控制,控制电路对开关变压器 T511 输出的脉冲电压进行取样、放大形成与输出脉冲电压成正比的控制电压,以控制开关管 V511 导通时间的长短,使 T511 次级输出的矩形脉冲宽度在正常的情况下基本保持不变,从而使经整流滤波输出的电压保持稳定。开关电源电路原理图见附录三实习机芯的开关电源。

二、操作方法

1.元件的选用和检测

(1)电源滤波器(线路滤波器)的选用及检测。L501 线路滤波器其型号为 YDD－UF16，其检测的方法为：用万用表 R×1Ω 挡，测其两组绕组的直流电阻值，其阻值约为 1Ω。

(2)开关变压器的选用及检测。开关变压器外形图如图 3-2 所示。BCK70－110 型开关变压器的内部结构如图 3-3 所示。其检测方法是用万用表 R×1Ω 挡测各脚之间的直流电阻值，其阻值大小如图 3-3 所标注。

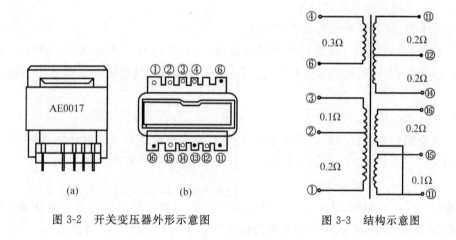

图 3-2　开关变压器外形示意图　　　　图 3-3　结构示意图

(3)滤波电感器选用及检测。滤波电感器，编号为 L501。用万用表 R×1Ω 挡测两端阻值为 0.2Ω。

(4)整流二极管选用及检测。彩电开关电源部分共有整流二极管 10 只，有六种不同型号规格，都用万用表检测。

(5)开关三极管选用及检测。彩色电视机开关三极管可选用 2SC4458 或 2SD1403。开关三极管在电路中的编号为 V513。下面以选用 2SC4458 为例，说明该器件的检测方法。用 R×1kΩ 挡测其 b－e 间正向阻值为 4kΩ，反向阻值为∞；b－c 间正向阻值约为 4.8kΩ，反向阻值为∞；c－e 间正反向阻值，用 R×10kΩ 挡测量均为∞。

2.开关电源电路的组装

(1)组装的基本步骤。为进一步熟悉开关电源的工作原理与电源理图，组装时可按照信号流程顺序从电源进线→保险管座→整流电路→开关三极管→开关变压器→稳压输出的方式来组装元器件。

(2)组装的工艺要求。元器件检测完毕后，便可着手开关电源部分的组装，组装时要求元器件位置要准确，排列整齐，造型美观。下面介绍不同元器件的组装要求。

a.电阻器的组装：电阻器均采用贴紧组装的方式。在元件成型和组装时应按照前面讲述的要求进行即可。

b.电容器的组装:该机电容器的组装方式无特殊之处,按黑白电视机中讲述的方式进行元件组装即可。

c.二极管的组装:除 VD551 整流二极管的组装稍有不同外,其余均采用贴紧组装。

d.开关三极管的组装:开关三极管工作的耗散功率较大,温升较高,所以组装时需加装散热装置。

三、开关电源的检修

在彩色电视机中,电源电路是整机正常工作的能源供给中心,是整个维修工作过程中关键性的一步。

(一)开关电源的检修注意事项

1.注意人身、仪器及彩色电视机的安全

为了避免事故的发生,检修时必须采取隔离措施,在电视机电源进线端外接隔离变压器,隔离变压器的初次级间应有良好的绝缘,匝数比例为 1:1,目的在于将整机与电网火线隔断。

2.避免扩大故障

为了避免彩色电视机内部的短路故障、烧坏机内保险丝或危及其他元件,可在交流电源的输入端串接一个开关,在开关两端并接一个 220V,100~200W 的白炽灯泡。

3.特别注意负载的异常变化

在检修"三无"故障时,又常常需要暂时断开负载,以判断故障是在负载的行输出级还是在开关电源部分,这时,必须在开关电源的输出端接上一个假负载,才能开机。

(二)开关电源的检测要点及一般检修程序

1.检修要点

(1)输入端的"交一直变换"及检测要点。检修过程中的一步,就是通过检测开关管集电极上有无 250~340V 的直流电压,来判断交流供电、整流或滤波电路工作是否正常。

(2)间歇振荡部分的"交一直变换"及检测要点。可通过检测开关管基极有无矩形脉冲电压来判断整个间歇振荡电路工作是否正常。

(3)输出端的"交一直变换"及检测要点。用万用表检测滤波电容两端的电压,即可判断有无输出及输出是否正常。

(4)稳压调节及检修要点。用万用表检测输出端的电压,然后微微调节稳压电路中的可调电阻,看输出端的电压能否变化,能否重新稳住,从而判断整个稳压环路中是否出现故障。

2.一般检修程序

在彩色电视机中,最常见的开关电源故障现象是无图像、无光栅、无伴音的"三无"故障现象,它们的一般检修程序如图 3-4 所示。

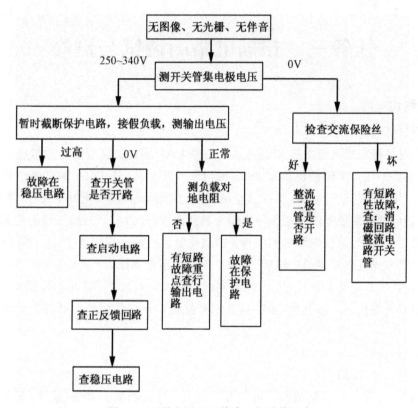

图 3-4　开关电源三无故障一般检修程序

（三）开关电源的检修

1. B1 为 0V，但不烧保险管的故障检修

当电视机出现无光栅，无伴音故障时，首先应检查主电源（110V 输出端）的电压值。B1 为 0V，可进一步检查 FU501，未熔断时，可断开 B1 端的负载回路，给主电源接上假负载。

2. B1 为 0V，烧保险管的故障检修

若电流太大则可能烧毁保险管 FU501。FU501 熔断后，C507 上肯定无 300V 的电压。FU501 的熔断，意味着该电视机的整流滤波电路或消磁电路有故障。首先断开 R502 电阻，区分故障所在部位。

3. B1 为 170V 左右的故障检修

B1 值升高为 170V 左右且不可调时，故障现象为光栅很亮且光栅较大，此时应检查稳压电路是否损坏，稳压电路损坏使振荡环路失控，造成 B1 的升高。

4. 指示灯亮，无光栅、无伴音

指示灯亮，说明开关电源基本正常。无光栅和伴音，应检查 LA76931 的微处理器供电 5V 是否正常，若果正常，再检查是否处于开机状态，LA76931 的 30 脚应输出高电平，如果处于开机状态，应检查可控 5V、9V 形成电路。因为可控 9V 控制行振荡，它停止供电，将无光栅。

任务三　扫描电路的调试与检修

一、行扫描电路

(一)行扫描电路

彩色电视机行扫描电路由超大规模集成电路 LA76931 以及外围元件组成。其信号流程为:从 LA76931 的 21 脚输出稳定的 15 625 Hz 行频信号,经 R408 隔离耦合到以 V431、T431 为核心元件的行激励电路,在彩色电视机中行激励与行输出电路采用了"反极性激励方式"。激励后的行信号经激励变压器的耦合送到由 V432、T471、行偏转线圈等元件组成的行输出电路中,并在行偏转线圈中形成行锯齿波电流。行输出变压器 T450 的次级输出的高中压为显像管发光提供必需的帘栅压、聚焦极电压及阳极高压,给灯丝提供 6.3 V 的脉冲交流电(MF47 型万用表实测为 4.6 V,示波器测试为 28 Vpp),为视放输出级提供 180 V 的工作电压,为 AFC 电路提供比较脉冲,为字符显示电路提供行定位信号。屏幕上出现一条水平亮线。

(二)操作方法

1. 元器件的选用及检测

(1)LA76931 集成电路的检测。可用万用表 R×1kΩ 挡测公共端(地端)与各功能脚之间的阻值,用此办法对其质量进行粗略判断。

(2)晶体的选用与检测。用万用表 R×10kΩ 挡测其两引脚的阻值,完好的晶体阻值应为∞,测得阻值很小,则说明晶体已损坏。

(3)行输出管的选用检测。行输出管选用 2SD1426 或 2SC1651C 塑封大功率三极管作为行输出管,该管是自带阻尼二极管的行输出专用三极管。该管制造时在其 b−e 极间有一小电阻,c−e 极之间有一只二极管,故检测方法有别于普通晶体三极管。其检测数据和方法如下:用万用表 R×1Ω 挡,黑表笔接 b 极,红表笔接 c 极,其阻值为 8.5Ω;黑表笔接 b 极,红表笔接 e 极,其阻值为 8.5Ω;黑笔接 e 极,红表笔接 b 极,其阻值为 44Ω;黑笔接 c 极,红表笔接 b 极,其阻值为∞;黑笔接 e 极,红表笔接 c 极,其阻值为 1Ω。

(4)行激励管的检测。检查行激励的方法可用万用表 R×1kΩ 挡测其两个 PN 结的正反向电阻。b−e 极正向电阻为 5.5kΩ,反向电阻为∞;b−c 极正向电阻也为 5.5kΩ,反向电阻为∞;c−e 极之间正反测量均为∞。

(5)行激励变压器的选用与检测。行激励变压器的检测方法可用万用表 R×1Ω 挡,分别测其初、次级的直流电阻。初级(①~③脚)直流电阻为 27Ω,次级(④~③脚)直流电阻为 0.2Ω。

(6)行输出变压器的选用与检测。对于行输出变压器的检测,可用专用行输出变压器检测仪进行检测。一般可用万用表的电阻挡进行直流电阻的检测,用 R×10kΩ 挡,黑表笔接 4 脚,红表笔接高压帽的引脚,阻值为无穷大。

（7）行线性校正线圈的选用与检测。该机选用的行线性校正线圈型号为 YDD—37μH，用万用表 R×100Ω 挡测其直流电阻值为 200Ω。

（8）行幅展宽线圈的选用与检测。用万用表 R×1Ω 挡检测其直流电阻值为 7Ω。

（9）行幅校正线圈的选用与检测。万用表测阻值为 0.5Ω。

（10）偏转线圈组件的检测。用万用表测行偏转线圈直流阻值为 1～2Ω，场偏转线圈直流阻值为 3～4Ω。

2.行扫描电路的组装

（1）组装的基本顺序和步骤。行扫描电路的组装顺序按照信号流程来进行，首先组装集成电路 LA76931 的外部元件，然后是集成电路 LA76931。集成电路及外围元器件装完后，再按行激励→行输出→偏转电路的顺序组装分立电路。

（2）组装的工艺要求。a.普通元器件的组装；b.逆程电容、行输出供电电阻 R471 的组装；c.行输出变压器的组装；d.行幅校正线圈的组装；e.行线性校正线圈的组装。

二、场扫描电路的调试与检测

（一）场扫描电路简介

LA78040 是专为中小屏幕彩色电视机场偏转线圈驱动而设计的单片集成电路。7 脚的同向输入端极大地便利了电路与系统的联接；而内置的回扫发生器不仅保证了应用的一致性同时也可作为同步消隐信号用。

1.特点

内置功率放大器、内置回扫发生器、内置热保护、大输出电流：1.8Ap－p、高耐压：回扫峰值电压 70V、可直流耦合应用。

2.管脚及内部框图

场扫描电路的管脚及内部框架如图 3-5 所示。

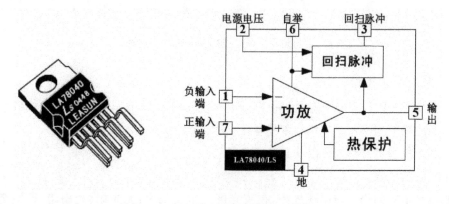

图 3-5　场扫描电路的管脚及内部框架

如图 3-6 是组装机的电视机场电路电原理图，由 LA76931 的 17 脚形成的锯齿波，从 18 脚输出到 N431　LA78040 的反相输入端 1 脚，进行功率放大。经功率放大后从 LA78040 的 5 脚输出的锯齿波电流到场偏转线圈中。场工作正常以后，屏幕上会出现正常的光栅。

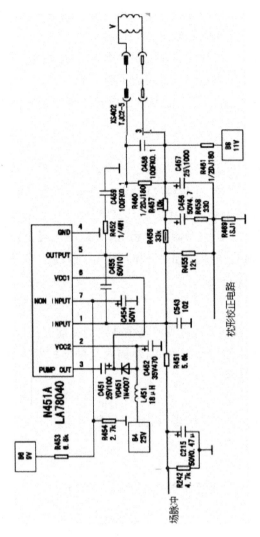

图 3-6　组装机的电视机场电路电原理图

三、扫描电路的检修

彩色电视机扫描故障导致荧光屏上不能呈现正常的光栅,使其他检修工作难以进行,且往往与电源故障互相牵连。行扫描不能正常工作,开关电源也不能正常工作。

(一)彩色电视机行扫描电路常见故障的检修

1.常见故障现象

彩色电视机行扫描电路出现故障,在荧光屏上常表现为:无光栅、光栅暗、行幅窄、线性差、垂直一条亮线、行不同步等。

2.检修中需要特别注意的问题

(1)利用静电现象。在开、关彩色电视机的时候,如果将手腕或小胳膊贴近显像管屏面,我们会感觉到,开或关的瞬间贴近屏面的皮肤有一种风吹动的感觉,似乎汗毛在动,这是一种静电现象,由显像管内 20kV 的高压引起,可以利用这一现象来判断高压是否出现或突然消失。

(2)观察屏面反映。开机后使显像管内的阴极充分预热,然后将亮度旋钮调到最大,关机的瞬间仔细观察荧光屏上的反映,若有闪烁或光点出现,说明显像管上加有高压。

(3)用电笔检测。打开电视机后盖,将测电笔靠近行输出变压器的高压引出头或高压引线(不相碰),此时氖管发光即表示有高压输出。

3.主要检测方法及一般检测程序

彩色电视机行扫描电路主要故障是无光栅,在进行彩色电视机行扫描电路的故障检修时,应尽可能预防由于不谨慎而造成故障范围扩大或损坏关键性元件。因此,检修一般分三个阶段进行:

一阶段为通电前的检查,包括用直观检测法和电阻检测法,排除各种严重短路故障;

二阶段为试通电阶段,包括检测电流或电压,并仔细观察机内有无异常现象;

三阶段为故障检测阶段,包括用直流电压检测法,dB 电压检测法或示波器波形观察法寻找故障点。

(二)彩色电视机场扫描电路常见故障的检修

1.常见故障现象

场扫描电路的常见故障现象在彩色和黑白电视机中相同,即表现为水平一条亮线、场幅不足或场线性不足、场不同步。

2.检修中需特别注意的问题

当出现水平一条亮线的故障现象时,显像管中的电子束集中轰击荧光屏上一个非常窄小的部分,很容易烧伤荧光粉而留下痕迹。因此,检修过程中一定要将亮度调暗,只要能观察到就行了,如果调节亮度电位器和机内辅助亮度微调电阻仍不能使亮度暗下来,应检查 ABL 电路及显像管有关电路,一定要将亮度降低后才能开始检修工作。

3.一般检测程序及主要检测方法

无论是哪一种机型的场扫描电路均可划分成两个部分。一部分是集成电路的场扫描前级,主要包括场同步、场振荡和场激励,它们被制作成为一个整体,其主要功能是由输出脚向外提供场频锯齿波信号,波形的电压峰值一般为 0.7～1.7VP－P。二部分是场输出级,主要功能都是放大场频锯齿波,向场偏转线圈提供场频锯齿波电流,使电子束进行正常的场扫描。

(三)行扫描电路的检修

行扫描电路常见故障现象为"三无"、有声无光、竖直亮线、行、场不同步等。在检修中,应根据屏幕上的不同现象,找准故障的部位,有针对性地进行修理。

1.无光栅、无图像、无伴音故障的检修

出现该故障,首先应区分是电源故障还是行扫描电路的故障。当行扫描电路出现故障致使电视机无光、无声时,一般有两种不同的情况:一种是行输出级电路有短路性故障,使电源 B1 的输出电压为 0V;另一种是行振荡停振,或行激励级、行输出级电路有开路性故障,这时电源的输出电压为 110V 左右。正常情况下,电源 B1 的电流值为 180(亮度最小)～330mA(亮度最大)。

行输出级电路有短路性故障,可用在路电阻测量法,测量行输出管集电极对地的在路电阻值。正常时用红表笔接地,黑表笔接行输出管集电极,其阻值为 17kΩ;反接表笔后,其阻值为 3kΩ。在路电阻值明显小于正常值时,应检查行输出管 V432 是否击穿短路,逆程电容 C435、C441 是否击穿或严重漏电,滤波电路 C568 是否击穿短路,校正电容 C444 是否击穿短路,若行输出管集电极的在路电阻值基本正常,应检查行输出变压器 T471、行偏转线圈是否内部匝间短路,此时可用相同型号的行输出变压器、行偏转线圈替换试之。

2. 有声无光故障检修

有声无光在机芯中是较常见的故障,遇到此故障时,首先应区分是显像管及显像管附属电路故障,还是其他电路的故障。看显像管灯丝是否发亮,灯丝不亮,可用万用表交流电压挡测显像管灯丝电压是否为 3.6V。灯丝电压正常,而灯丝不亮,可能为显像管损坏或显像管座接触不良;显像管无灯丝电压,应检查主板到尾板的引线是否折断,限流电阻 R491 是否开路,行输出变压器 T471⑨～⑩脚绕组是否开路。

无水平亮线,但显像管灯丝发亮,应检查显像管的帘栅电压、聚焦电压和阳极高压是否正常。正常情况下,帘栅电压在 0～1100V 范围内可调,聚焦电压在 7～8.5kV 范围内可调(测量值),二阳极高压为 23kV 左右,若上述电压不正常,都将引起无光故障。造成无帘栅电压、聚焦电压和阳极高压的原因可能为行输出变压器 T471 损坏,也可能是限流电阻开路或滤波电容短路等。

3. 行、场均不同步故障的检修

(1)行、场均不同步故障的检修。行、场均不同步,一般是同步分离电路的故障,但机芯的同步分离电路在集成电路 N201 的内部,LA76931 内部损坏都将引起行、场均不同步的现象。

(2)行不同步故障的检修。这种故障现象一般是行供电滤波电路 C218、C241 或 AFC 低频滤波元件 C216、C217、R212 出问题。电容器变质造成行不同步的故障。若上述元件均无问题,可能是 LA76931 内部的损坏。

4. 垂直一条亮线故障的检修

电视机出现垂直一条亮线时,故障范围较小,主要是偏转支路开路引起的,着重检查偏转线圈和行幅校正线圈以及 S 校正电容是否开路。

5. 行幅大故障的检修

在主电源 B1 正常的情况下,行幅大且行线性变差,可能是 S 校正电容开路或失效所致。

(四)场扫描电路的检修

机芯场扫描电路的常见故障现象为水平一条亮线、垂直线性差、垂直幅度不足等,有时也会因场扫描电路故障而造成"三无"现象。

例如:水平一条亮线的故障检修的检修方法。出现水平一条亮线,说明行扫描电路、显像管各极电压都正常,故障肯定在场扫描电路中。正常工作时,场输出集成电路 N431

（LA7040）的输出脚 5 脚的电压是 13V 左右，检修时，可以检测 LA78040 各脚的直流电压，判定 LA78040 及周围元器件是否损坏。为区分故障在场输出级，还是在场激励电路之前，可给场输出集成电路 N431 的 1 脚注入一个信号。可用人体感应信号直接注入，此时亮线能展宽一些，说明故障在场激励级以前，而不在场输出级电路中。常见的故障部位是耦合电阻 R451 开路，VD451 击穿短路，或供电电路出问题。

任务四　色度、亮度通道的调试与检修

一、色度通道的故障检修

色度通道故障表现出的现象为无彩色、彩色偏淡或偏浓、单基色光栅和缺基色等，下面讲述各种常见故障的检修方法。

1. 无彩色故障的检修

荧光屏上只有稳定的黑白图像而没有彩色的现象。引起无彩色故障的部位有：高、中频频率偏移、AFT 电路失常；中放增益低或中频通带过窄；色带通滤波电路不正常；色度放大电路、ACC 电路、ACK 电路工作不正常；色同步选通电路工作不正常；副载波恢复电路工作不正常以及梳状滤波器不正常等。

2. 单色光栅的检修

所谓单色光栅，就是屏幕上出现红、绿、蓝三基色之一的光栅。出现故障的原因有以下几个方面：一是 N201 损坏，使得某一色差信号输出端的直流电压变高，使对应的末级视放管的集电极电压变低，而出现某一基色的单色光栅；二是显像管某阴极与灯丝碰极；三是末级视放管损坏，或白平衡严重偏离正常状态，使只有一路的基色信号有较大的输出。

3. 缺基色的故障检修

缺色是由于显像管某电子枪截止或某枪激励不足而引起的，主要原因有以下几个方面：一是显像管某电子枪有故障，二是某电子枪的偏置电压不正确，三是某电子枪激励信号丢失。

二、亮度通道的检修

亮度通道常见的故障现象为有声无光（光暗）或者是光栅很亮以及亮度、对比度失控、无图像等等。有声无光（或光暗）的故障现象，与行扫描电路中某些元件损坏后的故障现象相似，检修时一定要找准故障的部位，以便顺利查出故障之所在。

1. 有声音，无光栅（光栅暗）的故障检修

对于有声无光故障，先测 lA76931 的 12、13、14 脚的动静态电压或波形，如果动静态电压或波形正常，则故障在视放输出或显像管供电电路，否则可能是 LA76931 本身损坏。

2. 亮度失控的检修

屏幕亮度较亮，且调整亮度电位器时亮度又基本无变化，首先应检查帘栅电压调整电位

器、副亮度电位器以及视放级偏置和激励电位器的位置是否恰当,若上述电位器的位置均正常,调整亮度电位器,亮度不随之而变化便为亮度失控。

确认为亮度失控故障后,可测 N201 的脚、脚和脚的电压值。测得脚的电压值上升为 2.7V 后,再检测 C202 是否击穿短路;测得脚的电压上升为 8.8V,且调整亮度电位器时脚的电压不变化,可检测 R240 是否开路;当脚电压由 10V 下降为 8.5V 时,可检查 R207 是否开路。

LA76931 的电压和外围元件均正常,但屏幕亮度很亮,且有回扫线,调整帘栅压也不能将亮度关死,故障便可能与本级视放电路偏置和激励电位器的位置有关,否则亮度失控就可能由 LA76931 损坏而引起。

3.无图像、白光栅的故障检修

屏幕上出现无图像、白光栅的故障时,可将色饱和度电位器和对比度电位器调到最大位置,看屏幕上是否有朦胧的图像影子,若有此现象,则故障是由于亮度信号丢失造成的。用示波器测脚的波形,看有无亮度信号输出。

任务五　公共通道的调试与检修

一、公共通道的电路简介

公共通道由高频头、LA76931 的 58—64 脚,1—10 脚及其外围件和预中放电路组成。天线接收的高频电视信号从高频头的 ANT 端输入,在高频头内与本机振荡信号进行混频,产生 38MHz 的图像中频和 31.5MHz 的伴音中频,从 IF 端输出,经由预中放电路,然后经声表面波滤波器,从 N201 的 63、64 脚输入集成电路 LA76931 中频放大、视频检波、伴音中放及鉴频。外围的滤波元件形成 AGC 控制电压,以控制中放增益,并从高放 N201 的 61 脚输出高放 AGC 控制电压,以控制高放 AGC。

二、元器件的选用及检测

下面介绍公共通道和特殊元器件的检查方法。

1.高频头 TDQ-3B 的检测

TDQ-3B 高频头是 VHF/UHF 频段的电子调谐高频头,其引脚功能是:①脚为 UB 端,即 U 频段的波段切换电压端;②脚为 TU 端,即调谐电压端;③脚为 VHB 端,即 VHF(H) 频段的波段切换电压端;④脚为 AGC 端,即高放 AGC 电压的输入端;⑤脚为 VLB 端,即 VHF(L)频段的波段切换电压端;⑥脚为 AFT 端,即 AFT 控制电压输入端;⑦脚为 MB 端,即高频头工作电压输入端;⑧脚为 IF 端,即中频信号输出端。

2.6.5MHz 伴音吸收陷波器 XT6.5MB 的检测

XT6.5MB 陶瓷陷波器呈蓝色,用万用表测各脚间的阻值应为无穷大。

3.38MHz 声表面波滤波器的检测

型号为 LBN38−24,外形见图 3-7。①、②为输入端,③、④为输出端,⑤为接地端,各脚间阻值也为无穷大。

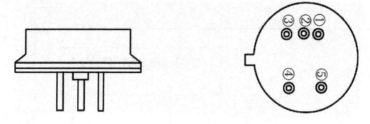

图 3-7 声表面滤波器

4.预中放管 2SC2216 的检测

2SC2216 为机的预中放管,它的主要电参数为:Pcm＝0.3W,Icm＝0.05A,U(BR)CBO ＝50V,U(BR)CEO＝45V,U(BR)EBO＝4V,fT＝450MHz,hfe＝40～140。用万用表 R× 1kΩ 挡检测时,b－e 极间正向电阻为 7kΩ,反向电阻为∞。b－c 极间正向电阻为 7kΩ,反向 电阻为∞,c－e 极间的电阻为∞。

二、公共通道的调试与检修

公共通道正常,可以正常的搜索频道、屏幕上会出现稳定的图像。公共通道常见故障现 象为有光栅、无图像、无伴音;或者是图像信号弱、雪花大、伴音噪声大等,下面介绍这部分 (除高频头)故障的检修方法。

例如:无图像、无伴音的故障检修

公共通道电路含高频通道和中频通道两部分电路,出现故障时,故障现象为:有光栅、无 图像、无伴音;或者是图像信号弱、雪花大、伴音噪声大等,这类故障所涉及的电路包括天线 回路、高频头电路、调谐电路和中放电路、AGC 电路等,在检修时一定要从关键点入手,找准 故障部位,迅速找出故障点。

首先用 0.01μF 的电容直接从高频调谐器 IF 端连接到 N201 的 63、64 脚,看能否收到较 弱的电视信号,或用镊子碰触 N201 的㊳、㊹脚,观察屏幕上有无反应。若屏幕上有网纹干 扰,行输出部分并有"吱吱"叫声,扬声器中有"喀喀"声,故障压缩在高频头电路中。若高频 头损坏,维修时可将整个高频头一起更换。若屏幕上无反应,扬声器中无声音,故障应在中 放通道电路中。

任务六　伴音通道的调试与检修

一、伴音通道的电路简介

所装彩色电视机的伴音通道由 LA76931 的 1－6 脚、静音控制管 V613、音频功率放大 电路 N601(TDA2003)组成,如图 3-8 所示。

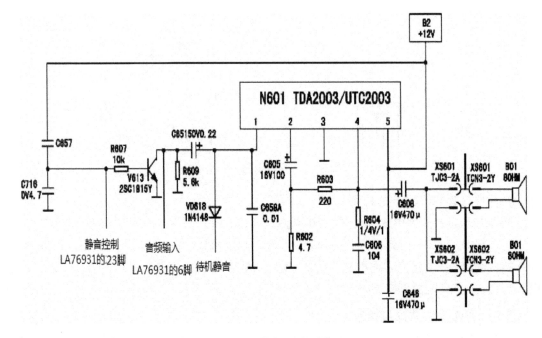

图 3-8　伴音功放电路

二、伴音通道的组装

1.组装的基本顺序

伴音通道部分的组装仍按信号流程的顺序进行。在组装集成电路外部元件时,应以集成电路管脚序号进行,完成某一管脚外围元件后,再着手下一管脚外围元件的组装,以免元器件的漏装和错装。

2.组装的工艺要求

(1)普通元器件的组装。对于伴音通道的电阻、电容、色码电感等普通元器件与前面的组装要求相同。

(2)伴音集成电路的组装。伴音厚膜集成电路 TDA2003 是单列直插式.由于伴音功放集成电路的输出功率较大,组装时应加装外形呈"Z"状的紫铜散热板。

任务七　分立元件末级视放电路的调试与检修

一、重要元器件的检测介绍

1.视放管 2SC1756 或 2SC2482 的检测

其检测可用万用表 R×1kΩ 挡测各极间的正反向电阻,检测结果如下:b—e 极正向电阻为 5.5kΩ,反向电阻为∞;b—c 极正向电阻为 5.2kΩ,反向电阻为∞;c—e 极间正反向电阻均为∞。

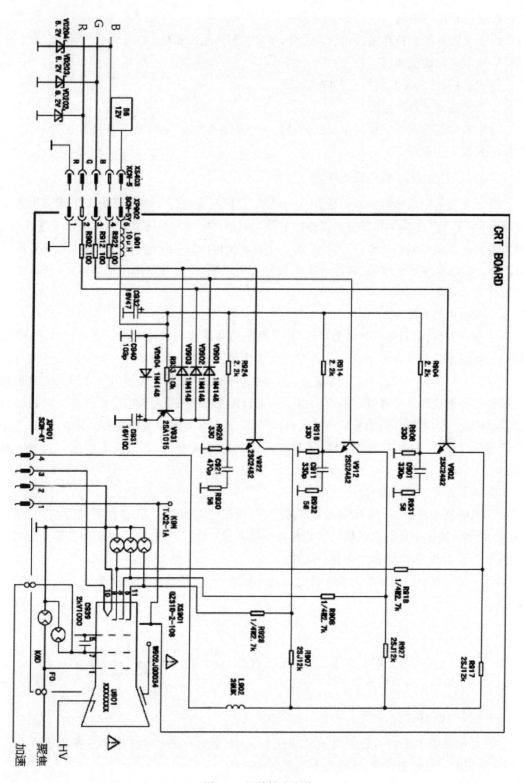

图 3-9 视放输出电路

2. 显像管座的选择

由于显像管的管径有粗径和细径之分,所以其管座也应相配。

3. 放电间隙的检测

用 R×10kΩ 挡测其两端电阻应为∞。

3. 末级视放电路的组装

由于末级视放电路比较简单,元器件较少,所以在组装时只要以三只视放管为中心,再组装好其他元件即可。

二、末级视放电路的调试与检修

彩色电视机中的末级视放电路有三个视放管,而且要求三个视放管的工作状态实现良好的配合,荧光屏才能发光并呈现正确的色调。如果其中一个视放管的工作状态发生变化,会使荧光屏上出现偏色的故障现象;如果一个视放管被击穿,会影响到另外两个视放管的正常工作。有的电路出现故障,会使三个视放管均不正常;而有的电路出现故障,仅使其中一个视放管不正常。

1. 缺基色的故障检修

N201 脚、脚、脚的电压和波形均正常,说明故障在末级视放电路中。确认故障范围后,用示波器测显像管三只电子枪的阴极至显像管③脚、⑦脚、⑨脚的波形,正常的波形幅度在90V 左右。显像管三个阴极的波形正常,缺基色故障是由显像管内部阴极开路或显像管尾座接触不良造成的。显像管的某个阴极上无信号波形,则测放大该信号的视放管基极的波形,基极无波形,则检测该信号的传输线是否断线、基极高频滤波电容是否击穿、基极电阻是否开路等。基极、集电极波形正常,再测该三极管的各极电压,集电极电压正常情况下缺基色。

2. 单色光栅的故障检修

出现单色光栅时,一般伴有光栅很亮且有回扫线的现象。压缩故障的方法是:断开N201 脚、脚、脚中电压偏高的那只脚到视放尾板间的跳线,断开跳线后电压偏高那只脚的电压恢复正常,判定为末级视放电路有故障。

如果经检查判定故障在末级视放电路或显像管上,可按检修单色光栅的方法进行故障检修。

任务八　调谐电路板的调试与检修

一、调谐电路简介

调谐电路板主要功用是完成波段切换电压、调谐电压的产生和预选、节目号的指示,AFT 电压的产生和断开等,其电路图见图 3-10。

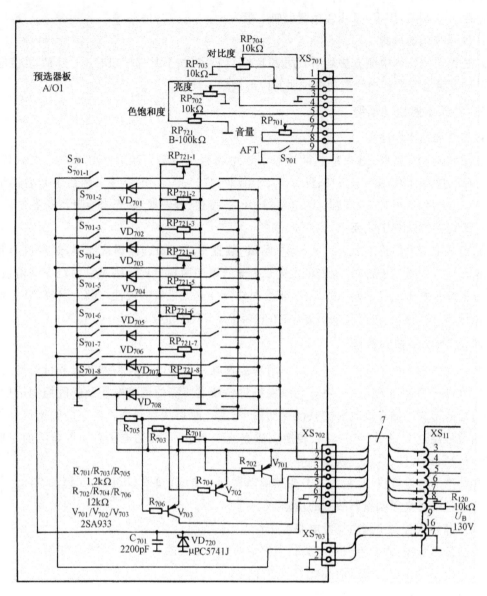

图 3-10　调谐电路

二、元器件的选用及检测

1. 预选器的检测

采用八位预选器。其检测方法是用万用表 R×1kΩ 挡检测 V 脚与 c 脚间的阻值，正常时为 100kΩ。V 脚与各 a 脚的阻值随调节拨盘的位置变化在 0～100kΩ～∞之间变化。

当各波段转换开关置于 U 位置时，该 b 脚与 U 脚相通；当各波段转换开关置于"Ⅲ"时，该 b 脚与"Ⅲ"脚相通；当各波段转换开关置于"Ⅰ"时，该 b 脚与"Ⅰ"脚相通。

2. 稳压二极管的检测

的调谐稳压二极管采用 MPC574，其检测方法与普通稳压二极管相同。用 R×1kΩ 挡，正向电阻为 6.8kΩ,用 R×10kΩ 挡测反向电阻为∞。

3.预选按钮的检测

八位预选按钮的检测方法是用万用表 R×1Ω 挡,当按下某一按钮时,a1 与 a2 阻值应为 0,b1 与 b2 阻值应为若指针摆动则说明其内部接触不良。

三、调谐电路板的组装

1.组装的基本顺序

在组装调谐电路时,首先应组装跳线。该电路板上应装:J701、J702、J703、J704、J705、J706、J707、J708、J701、J713、J718、J721、J723、J722、J724 等 15 根跳线。跳线组装后再组装阻容件、二极管、三极管等,最后组装电位器、开关、按钮、预选器、发光二极管及管罩。

2.组装的方法和工艺要求

调谐板上的电阻仍采取卧式无间隙(贴紧)装置方式。预选器焊接地端,然后再焊其他各引脚。组装发光二极管时,应先将发光二极管管罩用两颗自攻十字螺钉固定在调谐板上,然后再将 8 只发光二极管装入管罩内,组装时注意发光二极管的极性。最后组装 AFT 按钮开关,组装时按钮钮子位置应朝下方,并给它装上 AFT 按钮帽。

四、高频调谐器的检修

彩色电视机中电子高频调谐器的作用是接收电视台发出的各频道电视节目信号,并对这些信号进行预置和选出。遥控彩色电视机将各频道所需的调谐电压及频段控制电压,以数字信号的形式存储在可改写的只读存储器中,选台时再从存储器将对应的调谐信号与频段控制信号经过 D/A(数字/模拟)转换变成直流控制电压,加到电子高频调谐器的对应脚上,实现数字式存储、自动搜索选台等功能。

在国产彩色电视机中,常用电子高频调谐器型号有 TDQ-1 型、TDQ-2 型和 TDQ-3 型,下面介绍这三种高频调谐器故障的检修。

(一)高频头各引出脚功能及电路工作状态

在检修工作中,需要检测高频头各引出脚的电压来判断其工作状态是否正常。

(二)电子调谐器的常见故障现象及故障检修

1.电子调谐器的常见故障现象

电子调谐器的常见故障现象有:①无图像,无伴音,各个波段都收不到信号;②整机灵敏度低,荧光屏上噪波点很严重;③某一频段收不到电视节目;④某一频段中的高端或低端收不到电视节目;⑤开机一段时间后,彩色、图像及伴音逐步消失(逃台)。

2.电子调谐器的常见故障检修

若调谐器内确实出现故障,一般采用更换的方法解决,而不予修理。因为更换元件后的调谐器往往很难达到原来的技术标准,尤其是 UHF 频段采用谐振腔电路,元件的形状、安放的位置、引线的长短均会对频率特性产生严重的影响。但是,有时买不到同型号的高频调谐器,经仔细检查后有一定的维修可能性,操作时应持特别谨慎的态度,烙铁头应改制成尖头状,焊接要格外小心,尤其是不能改变电感线圈的形状和位置。

机芯调谐电路检修实训

一、调谐电路简介

调谐电路板主要功用是完成波段切换电压、调谐电压的产生和预选、节目号的指示、AFT 电压的产生和断开等。

二、机芯常见故障检修

调谐电路常见故障现象为：电视机在所有频段上均收不到台或某一频段收不到台。

1.某一频段收不到台的检修

当电视机出现某一频段收不到台，而其余频段均接收正常时，故障部位在调谐电路或在高频调谐器上，此时首先检查高频调谐器的波段切换电压是否正常。若波段切换电压正常，则为高频头损坏。某波段切换电压不正常，为该波段切换三极管开路或基极限流电阻开路。

2.整个频段上均收不到台

出现收不到电视台信号的故障时，一定要仔细分析，谨慎入手。此种故障所涉及的范围很宽，天线回路、高频头、中放通道、AGC 电路以及调谐电路出现故障时，均会造成此故障。

任务九　整机的总装

（一）各导线的连接

（1）主板上导线的连接。

①跳线的补装。在机自插件板上，本已有 67 根自插跳线，但在进行总装时仍需补装 J101、J170 和 C418 三根跳线。

②电源连接线的组装。电源进线与整流滤波部分需用两根长 35cm，两边带插头的连接线将"XS3"和"XS4"连接起来。

③"维修开关"连接线的组装。

④"场中心调整"连接插头的组装。

⑤行输出变压器屏蔽铁板及接地线的组装。

（2）主板上尾板导线的连接。

（3）主板与调谐预选板的连接。

（4）电源开关线的连接。

（二）显像管的组装

（1）将软布垫于工作台上，把机壳前框扣在工作台上。

（2）将显像管高压嘴向上，放入机壳前框内。

（3）将显像管外石墨层接地线的弹簧端套入显像管右上角防爆箍固定小耳上。

（4）取 4 块消磁线圈定位支架。

（5）取两块消磁线固定卡子，卡入机壳前框内侧显像管屏幕垂直平分线的上下两固定板上。

（6）取 4 颗带垫六角十字自攻螺钉，将显像管固定在机壳前框上，组装时 4 颗螺钉要轮流逐步上紧。切不可上紧一角，然后再上一角。

（7）将显像管外石墨层接地线的弹簧端，挂在显像管左下角消磁线圈定位支架的前端小勾上。

（8）消磁线圈的组装。将消磁线圈整形为上圈大、下圈小的"8"字形，用黑色塑料胶带缠扎消磁线圈"8"字形中部的交叉部位，缠扎好后将消磁线圈挂在消磁线圈固定支架的大勾内，经适当整形后，再将上、下线束卡入消磁线圈固定卡内。

（三）机箱上其他部件的组装

（1）扬声器的组装。

（2）显像管尾板的组装。

将已经装好的显像管尾板组件插入显像管的管脚上，把显像管外石墨层的接地线、接地插头插入尾板上的"XJ－6M"接地接线柱上。

（3）主板组装。

①将主板滑入机壳前框的滑槽内。

②将预选取调谐板上的插座上。

③将扬声器连接插头插入主板上的 XS601 插座上。

④将显像管消磁线圈插头插入主板上的 X501 插座上。

⑤将行输出变压器的高压引线阳极帽卡入显像管的高压嘴上。

⑥偏转线圈的连接。

⑦电源开关的组装。

⑧机箱后盖上天线、电缆线的组装。

任务十　彩色电视机的整机调试

一、通电前的检查

电视机组装结束后，通电之前必须先进行在路电阻检测，以避免因元器件错装、漏装而造成其他元器件的损坏，经检查合格后方可通电。

（一）电路各关键点在路电阻检测

（1）电源部分关键点在路电阻检测。

（2）行扫描部分关键点在路电阻检测。

（3）高频头的在路电阻检测。

用万用表 R×1kΩ 挡对高频头各引脚进行在路电阻值的检测。

(4)末级视放电路在路电阻检测。

用万用表 R×1kΩ 挡对由分立件构成的末级视放进行在路电阻值的检测。

(二)各集成电路在路电阻检测

各关键点在路电阻检测后,还要对各集成电路的在路电阻值进行检测,以判别各集成电路外围元件的组装是否正常。

二、光栅质量调试

通过前面的实习,已对电视机的各关键点在路电阻值和各集成电路的在路电阻进行了检测,若检测的数据与正常值无重大差异,即可进行通电调试。通电之前还必须做两项准备工作:其一,将各电位器、可调电阻等置于中间位置;其二,熟悉各测试点的位置和功用。

调试步骤如下:

(1)主电源 B1(110V)的调整。

(2)聚焦电压的调整。

(3)加速电压调整。

以下调整,用遥控板进入总线调节。

(4)白平衡的调试。

(5)副亮度的调整。

(6)行幅和高压调整。

(7)场幅的调整。

(8)场中心的调整。

(9)行中心的调整。

三、图像质量调试

光栅质量调试好以后,还需对有关图像质量的项目进行调试 使电视机的图像达到最佳效果。图像质量调试位置示意图见图 3-11 所示。

四、显像管附件的装配及显像管的调整

(1)更换显像管的准备工作。

(2)拆卸顺序和步骤。

(3)显像管附件的装配及显像管的调整。

①色纯度调整。

②静会聚调整。静会聚调整是使屏幕中央部位的三色会聚。

③动会聚调整。动会聚调整的目的是使图像四周的三基色会聚,调整方法如图 3-12。

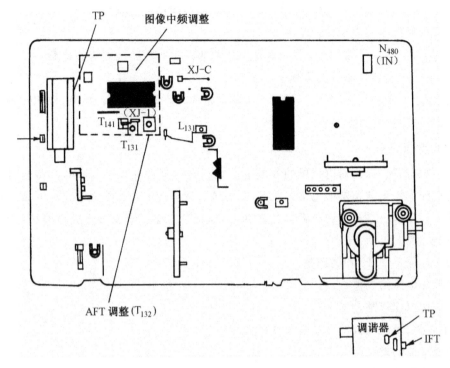

图 3-11　图像质量调试位置

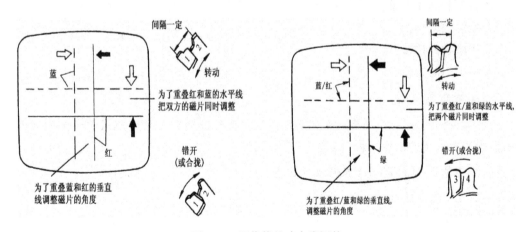

图 3-12　显像管的动会聚调整

任务十一　综合故障检修

彩色电视机有些故障涉及面比较宽,是综合性故障,检修时应从多方面进行考虑。

一、综合故障与逻辑分析法

逻辑分析法是我们检修综合故障最主要的也是最有用的行之有效的方法。具体做法是:结合彩色电视机工作原理,在熟悉了彩色电视机各单元电路功能及相互关系后,可借助于前述的检修基本方法与仪器通过逻辑分析,将故障范围缩小至某一单元电路,然后迅速排除故障。检修的顺序:电源－光栅－图像－彩色－声音－遥控。

例如,故障现象为水平幅度过大。检修思路如图 3-13,根据电路原理,造成本故障现象的原因可能为:

(1)电源电压过高。

(2)行扫描电路不正常,如行频偏离正常值,行激励、行输出调节不当。

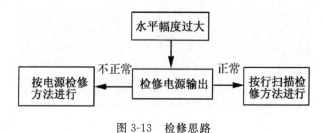

图 3-13　检修思路

二、利用所装机芯板设置综合故障,学生分析检测

(1)单一故障设置:重点在电源、扫描、视放末级、显像管附属供电等,观察现象,收集数据。

(2)两到三个综合故障设置:电源、光栅、信号、彩色等每部分设置一个故障,实现综合故障的检测与维修。

(3)故障设置以不会引起电路元器件损坏、但是故障现象有比较明显为原则。

(4)结合中级家用电子产品维修工的考试要求,完成检修报告。故障现象观察——故障部位——故障检测——故障分析——故障元件确定与检修。

 复习与思考

1.简述 LA76931 超级芯片实训机芯的电路板上,标有 1、2——9 每部分电路的功能。

2.画出 LA76931 超级芯片实训机芯电源供电方框图。

3.画出 LA76931 超级芯片实训机芯信号流程方框图。

4.简述电阻的安装方法及注意事项。

5.简述电容的安装方法及注意事项。

6.简述二极管的安装方法及注意事项。

7.简述三极管的安装方法及注意事项。

8.简述集成电路的安装方法及注意事项。

9.简述开关电源的检修思路。

10.实训机芯的开关电源输出电压有哪些？

11.简述行扫描的检修思路。

12.简述场扫描的检修思路。

13.简述无彩色故障的检修思路。

14.简述单色光栅的检修思路。

15.简述无图像、无伴音故障的检修思路。

16.简述不能遥控的检修思路。

17.彩色电视机检修的顺序是什么？

18.设置电源启动电阻 R520 开路、R495 开路形成"三无"故障现象，写一份故障检修报告。

项目四 彩电新技术及平板电视机

1.熟悉新型电视机的特点。

2.理解液晶、等离子电视机的工作特点。

3.识别平板电视机的主要电路结构。

4.识别平板电视机的典型电路及元器件。

5.会维修平板电视机的简单故障。

任务一　认识大屏幕彩电新技术

活动一　认识大屏幕彩色显像管

一、大屏幕彩色显像管的特点

(1)采用超平面、高清晰度的大屏幕彩色显像管。

(2)采用黑底技术以及在荧光粉与玻屏之间加入滤色涂层,提高图像对比度和色纯度。

(3)更新电子枪。

(4)改进荫罩。

(5)新型偏转线圈。

二、图像画质改善技术

采用多项画质改善技术,如轮廓增强、细节校正、动态清晰度控制、视频挖芯降噪电路、扫描速度调制、动态数字梳状滤波、黑电平扩展、白电平峰值压缩、彩色瞬态特性改善、动态 γ 校正电路、设置自动白平衡调整电路、色温自适应控制电路、肤色稳定电路、自动色调调整电路、有源枕形失真校正电路、有源线性校正电路和动态聚焦电路、采用倍频扫描技术改善图像质量等。

三、高品质伴音技术

(1)输出功率大,频响范围宽。大屏幕彩色电视机的伴音输出功率通常都在20W以上,频响范围可达30Hz～16kHz,甚至最高可达20kHz。

(2)采用多种伴音处理技术。为保证得到高品质的音响效果,在伴音处理电路中增设了立体声、环绕声、杜比环绕声、超重低音等电路,以提高电视音响效果。

(3)采用新型扬声器系统,可以充分利用电视机内的有限空间实现优质放音。

(4)采用数码声场处理(DSP)技术

四、平板显示技术

常用的平板显示器有液晶显示器LCD、等离子体显示屏PDP、发光二极管LED显示器、电致发光显示器ELD、场致发光显示器FED、有机发光二极管OLED显示器等,在电视机中常用的是液晶显示器和等离子体显示器。

五、I^2C 总线控制技术

通过使用I^2C总线控制技术,即将控制电路的数据和被控制电路的数据通过数据总线SDA和时钟线SCL连在一起,不但可以使电视机的整机线路简洁,外围元器件少,其稳定性和可靠性高,故障率低,而且可以增强电路功能的扩展性和设计的灵活性。

活动二　认识彩色电视机画质改善电路

一、伴音准分离与PLL完全同步视频检波

1.伴音准分离技术

大屏幕电视机的公共通道只有高频头。高频头输出的图像中频和第一伴音中频分别经各自的声表面波滤波器处理,避免图像与伴音之间的干扰(见图4-1)。

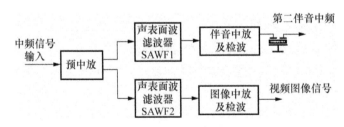

图4-1　伴音准分离电路原理

2.PLL完全同步视频检波

PLL完全同步视频检波是在原同步检波方式基础上增加了压控锁相环振荡控制电路(见图4-2)。PLL完全同步视频检波电路主要由同步检波电路、APC检波、90°相移电路、低通滤波器和38MHz压控振荡器(VCO)电路等组成。

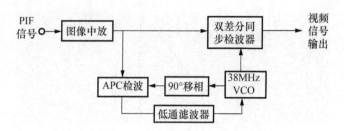

图 4-2　PLL 完全同步视频检波电路

3.梳状滤波器亮/色分离电路

普通电视机采用频率分离法实现亮/色分离,大屏幕电视机为提高画质则采用梳状滤波器实现亮度与色度信号的分离。

由于 NTSC 制采用 1/2 行频间置,色副载波(3.58MHz)为 227.5fH,因此在梳状滤波器中采用一行(1H)延迟线(见图 4-3)。经过一行延迟后,Y 信号的相位不变,C 信号相位相反。

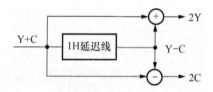

图 4-3　梳状滤波器亮/色分离原理

由于 PAL 制采用的是 1/4 行频间置,色副载波频率(4.43MHz)为 283.75fH,如使用梳状滤波器对亮度、色度信号进行分离,必须使用两行(2H)延迟线(见图 4-4)。

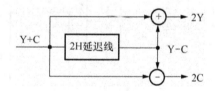

图 4-4　PAL 制梳状滤波器亮/色分离原理

二、图像清晰度增强电路

1.视频降噪电路

降噪电路又称挖芯电路或核化电路(见图 4-5)。为提高图像的清晰度必须增加视频电路的带宽,但同时也会增大图像背景的杂波干扰,特别是在接收信号较弱的情况下引起信噪比下降。视频降噪就是切割掉低电平的干扰噪声,它根据信号中所含噪声成分的幅度较小的特点,通过适当设计电路,使幅度较大的有用信号通过,幅度较小的信号和噪声被抑制掉。

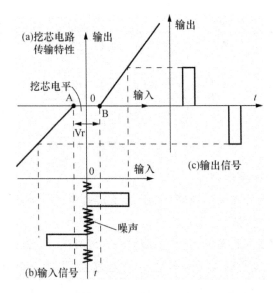

图 4-5 挖芯电路的特性和输入、输出关系

2.水平轮廓校正电路

普通彩色电视机通常采用二次微分勾边的方法进行水平轮廓校正,使图像在一定程度上得到改善。虽然这种校正方法电路简单、成本低,但当它的幅频特性在高频区提升过大时很容易引起振铃,使图像边缘不清甚至出现"重影"。在目前的彩色电视新技术中,水平轮廓校正采用延迟型时间轴压缩轮廓校正电路,它克服了二次微分勾边校正电路的上述缺陷,增强了图像轮廓清晰度(见图 4-6)。

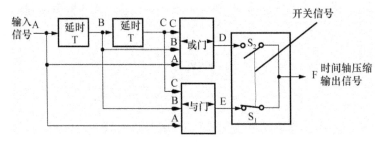

图 4-6 延迟型时间轴压缩轮廓校正电路

3.动态细节校正电路

轮廓校正电路主要是针对高频大幅度信号边缘设计的图像清晰度改善电路,而动态细节校正电路则是针对高频小幅度或中幅度信号边缘设计的一种图像清晰度提高电路(见图 4-7)。

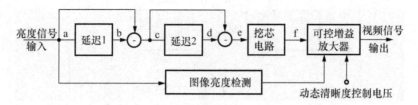

图 4-7 动态细节校正电路原理

4.动态清晰度控制电路(DSC)

动态清晰度控制电路的作用在于检测图像的细节分布情况,提供图像细节分布信息,用于控制动态细节校正电路中可控增益放大器的增益,实现细节校正的动态控制,以获得最佳校正效果(见图 4-8)。

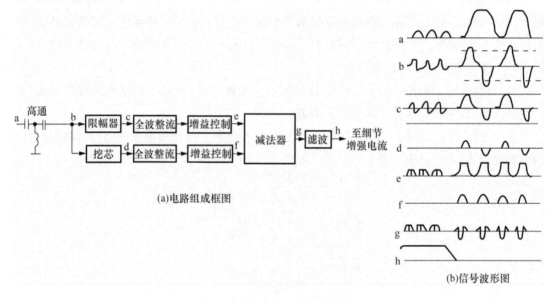

图 4-8 动态清晰度控制电路原理

5.扫描速度调制电路(SVM)

当电流一定的电子束轰击 CRT 荧光屏时,在水平扫描速度较快的扫描点上,电子束相应停留的时间短,其亮度比正常扫描速度时会更暗些。反之,在水平扫描速度较慢的扫描点上,由于相应地停留时间长,所以就比正常扫描速度时更亮。因此,可用调节电子束水平扫描速度的办法来控制图像的明暗,从而起到"勾边"的作用,使图像清晰度提高,同时也不会使 CRT 在高亮度时产生散焦现象(见图 4-9)。

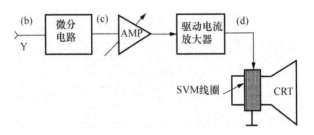

图 4-9　扫描速度调制电路原理

三、彩色电视机扫描系统新技术

1. 倍频扫描技术

倍频扫描技术是通过数字式存储器,采取慢存快取方法,利用不同的存储和读取频率使行频、场频增加一倍的技术。倍频扫描技术主要包括逐行扫描显示技术和闪烁消除技术,即通过行插入法将隔行扫描变为逐行扫描显示,通过场插入法将场频倍频,可以消除场频较低造成的行间闪烁和大面积闪烁现象。

(1)行插入法。行插入法是一种将每场的行数增加一倍,变隔行扫描为逐行扫描的"倍行"技术。行插入法在具体实现时有两种方式。

① 在同一场内,在第 n 行和第 $n+1$ 行之间插入与第 n 行相同内容的一行,即将每行的内容重复读出两次(见图 4-10)。

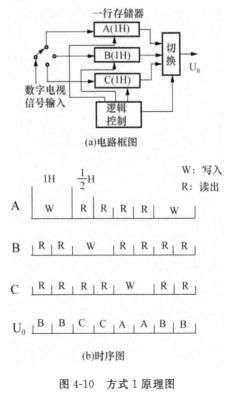

图 4-10　方式 1 原理图

② 在同一场内,在第 n 行与第 $n+1$ 行之间插入第 n 行和第 $n+1$ 行的平均值内容的一行(见图 4-11)。

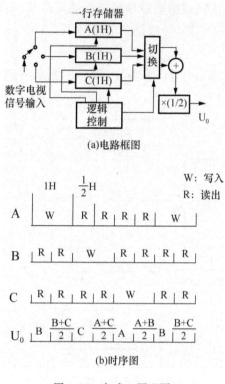

(a)电路框图

(b)时序图

图 4-11 方式 2 原理图

(2)场插入法。场插入法是一种通过倍场频技术来消除行间闪烁和大面积闪烁的技术。常用的场插入法有以下三种形式(见图 4-12)。

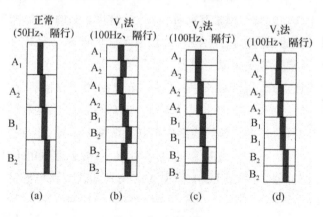

图 4-12 场插入法

① 帧重复法:采用这种方法的读出顺序是:第 1 场→第 2 场→第 1 场→第 2 场→第 3 场→第 4 场……如 V_1 法。

② 场重复法:采用这种方法的读出顺序是:第1场→第1场→第2场→第2场→第3场→第3场……如 V_2 法。

③ 插值法:通过一定算法将多场图像信号进行插值运算,倍频后顺序输出。由于采用的算法不同,插值法也有多种形式,V_3 法是其中的一种。

2. 倍频扫描电路

倍频电路主要由低通滤波器、A/D 转换器、视频存储器、倍频转换电路、时钟控制电路、D/A 转换器等组成(见图 4-13)。

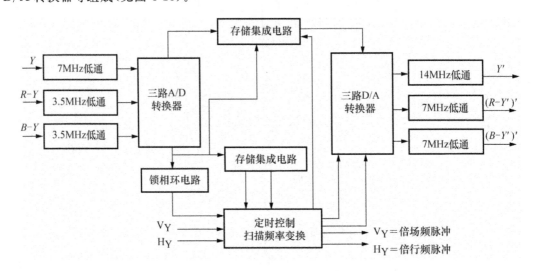

图 4-13　倍频扫描电路组成与原理

四、图像几何失真校正电路

1. 行扫描回路的非线性失真及校正

引起行扫描产生线性失真的因素有两种,一是行偏转线圈的直流电阻、行输出管导通时的等效电阻以及阻尼管的正向电阻不为零,二是显示屏的曲率半径远大于电子束扫描的曲率半径,使电子束在屏幕上的线速度不相等。对于第一种情况,行扫描电流波形在扫描正程不是随时间增加而线性上升,而是增长速度变慢,造成在接收方格信号时,屏幕左右两边的方格明显被压缩,图像产生水平方向非线性畸变。具体解决办法是利用饱和电抗器与行偏转线圈串联来进行补偿,通过在行偏转线圈中串联行线性调节器(饱和电抗器),当流过该线圈的电流增大到某一值时,铁氧体磁芯饱和,电感量减小,由于行供电电压稳定,故流过偏转线圈的电流上升,正好补偿了因电阻影响而引起的失真。调节该电感的磁芯,改变电感量,即可调整行线性。

2. 显像管结构引起的失真及校正

(1)行延伸失真及 S 校正。大屏幕彩电多使用平面直角显像管,由于偏转中心与屏幕各点距离不相等,在行线性锯齿波电流作用下,电子匀速扫描,必然引起屏幕两侧图像被展宽,产生所谓的延伸性失真。为补偿这种失真,常在偏转线圈中串联一个 S 校正电容,利用电容的积分特性使扫描电流呈 S 状,不是线性。

(2)行动态 S 校正。利用给行偏转线圈串联电容的 S 校正,不能实用于大屏幕电视机,大屏幕彩电在采用以上 S 校正的同时,还采用了动态 S 校正电路,又称为行线性 M 特性校正电路(见图 4-14)。

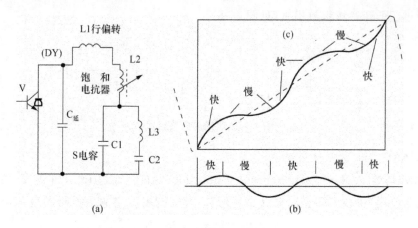

图 4-14　行动态 S 校正电路

(3)左/右枕形失真及其校正。由于显示屏与电子束扫描曲率半径的不同,同一偏转角 θ 在边缘的扫描会拉长(又称延伸),这种延伸效应不仅东西方向有,南北方向也有,显示屏愈大愈明显,越靠近屏幕的四角越严重。若减小扫描幅度,让外延的四角亮点回归四角顶点。

随着彩管本身生产工艺的改进,加上自会聚管的水平偏转磁场枕形分布使垂直枕形失真得到一定的校正等原因,对东西方向枕形失真校正的方法是在行扫描锯齿波电流中加入场频抛物波,使得每场中行扫描输入幅度不相等,让屏幕中间的幅度最大,两边按抛物线调幅递减。其中场频抛物波可利用场扫描锯齿波经积分电路产生。

五、彩色电视伴音新技术

1. 环绕声

标准的环绕声系统包括杜比专业逻辑(Dolby Pro Logic),杜比数码(AC-3),THX,DTS 等,其主要特点是多声道记录和多声道重放。

环绕声处理电路主要由减法器、移相网络、加/减混合器、音量/平衡及相应的控制电路构成(见图 4-15)。

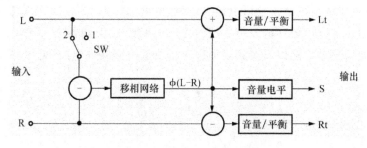

图 4-15　环绕声处理电路框图

2. 超低音系统

(1)超低音扬声器系统。超低音扬声器系统是超低音系统的关键部分。充分利用有效空间,采用优质扬声器和特殊的扬声器箱实现。

(2)超低音电路。超低音电路的作用是将伴音信号中 30～120Hz 的低频成分加以提升、放大,并通过超低音音箱重放出来(见图 4-16)。

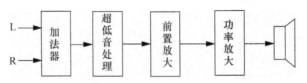

图 4-16　超低音电路组成

3. NICAM－728 数字伴音系统

NICAM 是英文"Near Instantaneous Companded Audio Multiplex"的缩写,在香港称之为丽音,其含义是"准瞬时压扩音频多路复用","728"则表示它的数据码率为 728kb/s(见图 4-17)。

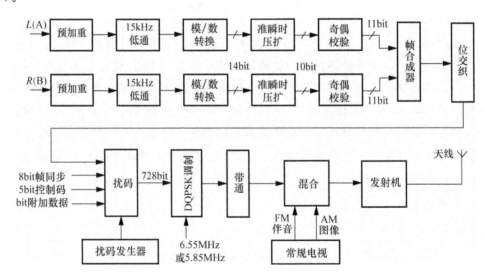

图 4-17　NICAM－728 编码原理

在具有丽音功能的电视中,可以同时传送三种不同的伴音,其中一种是原来的模拟伴音,另两种是数字伴音。数字伴音可以是立体声,也可以是单声道的双语言广播。

丽音解码电路主要由数字输入带通滤波电路,DQPSK 解调器 NICAM 解码器,D/A 变换器、去加重、音频预放电路以及音频后处理和功放输出电路等组成(见图 4-18)。

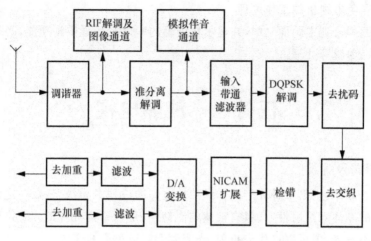

图 4-18 丽音解码电路

六、画中画电视技术

1.画中画电视功能

在电视屏幕上显示收看电视图像的同时再插入一个或几个经过压缩的其他电视节目的子画面的电视机,称为画中画(PIP,Picture in Picture)电视。画中画电视采用了数字信号处理技术,由微控制器控制工作,使子画面可以有以下多种显示功能:监视电视节目、图像显示、多画面显示、子画面放大或缩小。

2.画中画电视类型

画中画电视类型包括射频画中画和视频画中画,射频画中画电路组成框图如图 4-19 所示。

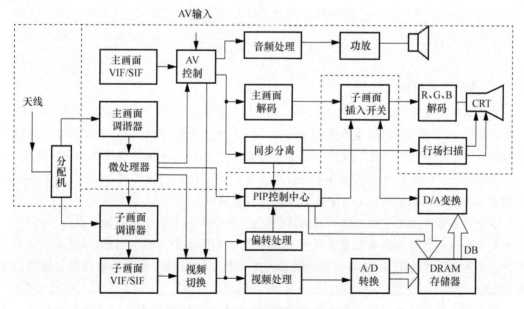

图 4-19 射频画中画电路组成框图

3.画中画彩色电视机的工作原理

欲将子画面插入到主画面之中,并显示在屏幕的一角实现画中画功能,必须对原始画面进行压缩、插入、剪辑等处理。

任务二　液晶电视

一、认识液晶及种类

液晶即液态晶体,它是一种介于固体和液体之间的一种中间状态,在一定温度范围内既具有各向异性的晶体双折射性,又具有液体的流动性,是一种具有规则分子排列的有机化合物。液晶本身不发光,但可以产生光折射、光密度调制或色彩的变化。

液晶因温度和材料的不同,分子排列有序状态也不同,大体上可分为三种类型:近晶液晶(层状液晶)、胆甾液晶(螺旋状液晶)和向列液晶(丝状液晶)(见图4-20)。

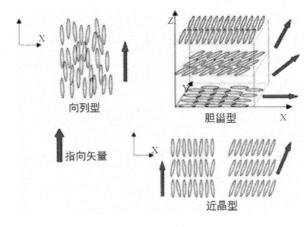

图 4-20　液晶的类型

二、液晶显示原理

液晶本身不发光,但是在外加电场、磁场、热、光的作用下,可产生光密度和色彩的变化。因为液晶分子的排列不像晶体那样完全有序、坚固,加之弹性系数很小,因此在外加刺激下极易改变液晶分子的排列方向或使液晶分子的运动发生紊乱,从而改变液晶的物理性质。

当液晶分子的某种排列状态在电场作用下变为另一种排列状态时,液晶的光学性质随之改变而产生光被电场调制的现象称为液晶的电光效应。

液晶显示器件就是利用液晶本身的这些特性,适当地利用电压来控制液晶分子的转动,进而影响光线的行进方向来形成不同的灰阶,作为显示影像的工具。当然,单靠液晶本身是无法当作显示器件使用的,还需要其他的器件来帮忙,其中,起着至关重要作用的就是偏光板(见图4-21)。

偏光板之所以具有阻隔垂直光波的功能,是因为偏光板的结构是由一片起偏片和一片检偏片组成的。当旋转起偏片和检偏片的相对角度,会发现随着相对角度的不同,光线的亮度会随着改变。当起偏片和检偏片互相平行时,光线就完成通过;当起偏片和检偏片互相垂直时,光线就完全无法通过。

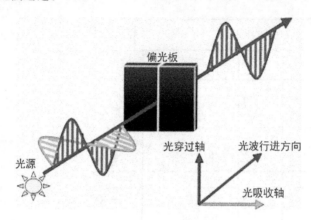

图 4-21　偏振板工作原理

三、液晶显示器

液晶显示器(LCD,Liquid Crystal Display)按照控制方式不同可分为无源矩阵式 LCD及有源矩阵式 LCD 两种。

无源矩阵式 LCD 可分为 TN－LCD(Twisted Nematic LCD,扭曲向列 LCD)、STN－LCD(Super TN－LCD,超扭曲向列 LCD)和 DSTN－LCD(Double layer STN－LCD,双层超扭曲向列 LCD)等多种类型。无源矩阵式 LCD 在亮度及可视角方面受到较大的限制,反应速度较慢,部分低档显示器采用无源矩阵式 LCD。TN－LCD 由玻璃基板、配向膜、偏光片等制成,并在一对平行放置的偏光片间填充液晶而构成的显示器件(见图 4-22)。

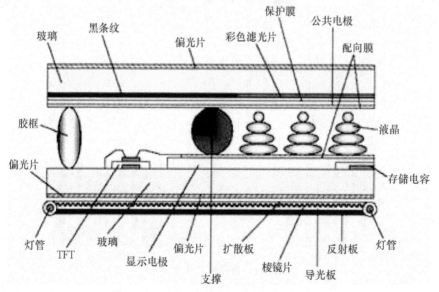

图 4-22　TN－LCD 液晶显示器结构及原理

有源矩阵式 LCD 的结构与 TN－LCD 基本相同,只是把 TN－LCD 每个像素的上部夹层电极改成薄膜晶体管(TFT,Thin Film Transistor),下层改成共通电极,因此,有源矩阵式 LCD 也称为 TFT－LCD(见图 4-23)。有源矩阵式 LCD 在液晶电视上得到广泛的应用。

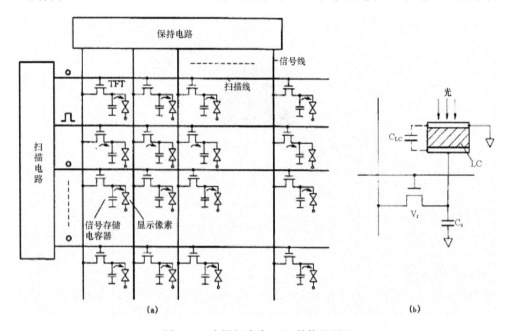

图 4-23　有源矩阵式 LCD 结构及原理

四、彩色液晶显示的实现

在彩色 LCD 上是通过使用彩色滤光片来形成彩色(见图 4-24)。每个彩色像素由独立的三基色子像素单元组成,各自拥有不同的灰阶变化。根据空间混色法,每个彩色像素可以拥有不同的色彩变化,对于一个分辨率为 1024×768 的彩色 LCD 来说,实际上可拥有 3×1024×768 个子像素。

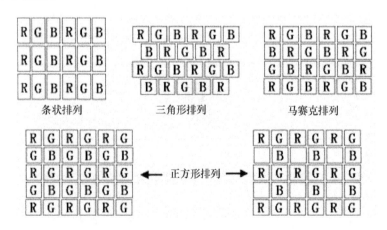

图 4-24　彩色滤光片的排列

五、液晶电视的构成

将液晶显示器件、驱动电路、印制线路板、背光源、结构件装配在一起的组件称为液晶显示模块，或称液晶屏。液晶屏在信号板的信号驱动下，显示图像。液晶电视机包含了带 PFC 功能的开关电源板、信号板、逻辑板及液晶屏等组成（见图 4-25）。

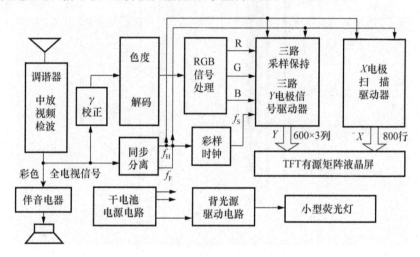

图 4-25　液晶电视组成框

六、液晶显示器的特点

（1）驱动电压低，仅几伏，驱动功率小，能采用 MOS 集成电路直接驱动。

（2）被动显示，本身不发光，眼睛不易疲劳；室外阳光下或环境光亮时，对比度高。

（3）无 X 射线和紫外线辐射，安全。

（4）显示屏薄且平，容易实现袖珍型和壁挂型平板显示。

任务三　等离子电视

一、等离子体

等离子体是物质存在的第四种形态，它是由自由流动的离子（带正电荷的原子）和电子（带负电荷的粒子）组成的气体。当气体被加热到足够高的温度，或受到高能带电粒子轰击时，中性气体原子将被电离，形成大量的电子和离子，但总体上又保持电中性。

二、等离子显示器

等离子显示器（Plasma Display Panel，PDP）是一种利用气体放电的显示装置，采用等离子管作为发光元件（见图 4-26）。大量的等离子管排列在一起构成屏幕，每个等离子管对应的每个小室内部充有氖氙气体。在等离子管电极间加上高压后，封在两层玻璃之间的等离子管小室中的气体会被击穿而产生紫外光，并激励平板显示器上的红绿蓝三基色荧光粉发出可见光。PDP将每个离子管作为一个像素,由这些像素的明暗和颜色变化组合,产生各种灰度和色彩的图像。扫描电极(Y板)、维持电极(X板)和寻址电极(Z板)共同作用,完成彩色图像的显示。

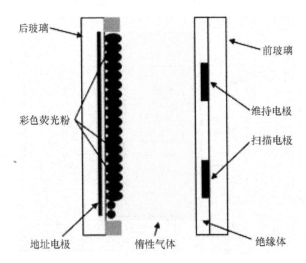

图 4-26　等离子显示器结构图

PDP按照工作方式可分为直流(DC)驱动型和交流(AC)驱动型两种不同方式。

直流型电极与放电气体直接接触,紫外线的产生效率高,但显示屏的结构比较复杂,实际彩色PDP中已很少用。

交流型的电极表面涂敷一层介质层,使其结构类似于一个电容器。交流型PDP又分对向放电和表面放电两种(见图4-27)。

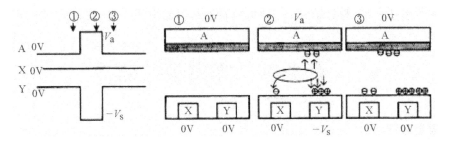

图 4-27　交流型等离子体工作过程

等离子体显示器件一旦产生放电,其发光亮度就恒定不变,只能通过控制有效放电时间的长短和强度,从而达到控制发光亮度的目的(见图4-28)。

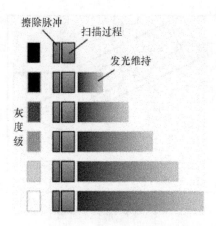

图 4-28　等离子发光时间调制原理

三、等离子电视

PDP 电视的组成与普通的 CRT 电视相似,只是在终端显示元件及其驱动电路上存在差异。

PDP 显示模块是将 PDP 显示面板、数据存储与控制电路、显示驱动电路、电源及结构件等集成在一起构成的 PDP 显示屏。通常,用户只需将数据、时钟、控制、电源等项目内容连接到 PDP 显示屏,即可实现图像图形的正常显示。

四、等离子显示器的特点

(1)具有体积小、重量轻、无 X 射线辐射。

(2)耗电量过大,分辨率不高。

(3)不存在聚焦问题。

(4)亮度高、色彩还原性好、灰度丰富、对迅速变化的画面响应速度快。

任务四　投影技术

投影显示是指由平面图像信息控制光源,利用光学系统和投影空间把图像放大并显示在投影屏幕上的方法或装置。

按照光源所在的位置区分,投影机可以分为正面投影式和背面投影式。

将投影机放置于投影屏幕的正面,即称为正面投影(见图 4-29)。

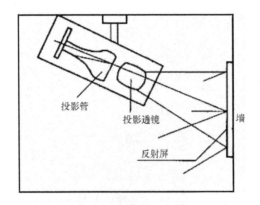

图 4-29　前投示意图

将投影机置于投影屏幕的背面，即称为背投影式投影（见图 4-30）。

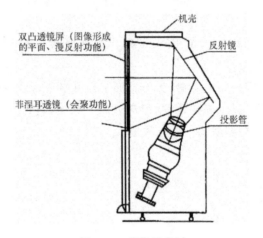

图 4-30　背投示意图

投影的显示器件主要有 CRT、LCD、DLP 和 LCOS 几种。

一、CRT 投影技术

CRT 投影机又名三枪投影机，它主要是由红、绿、蓝三只单色投影管组成（见图 4-31）。

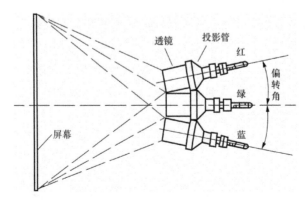

图 4-31　CRT 投影机结构

R、G、B 信号分别加在红、绿、蓝三只单色投影管上,经三只单色投影管还原后的图像通过光学透镜放大几十倍后由反射镜反射到屏幕上,最后在屏幕上合成彩色图像。

二、LCD 投影技术

液晶投影显示的原理是把光源发出的光束照射在小型液晶元件(光阀),再将此元件上形成的图像用投影光学系统放大投影到屏幕上。依据这种原理的液晶显示容易做到用直视型显示技术不易实现的大屏幕显示(见图 4-32)。

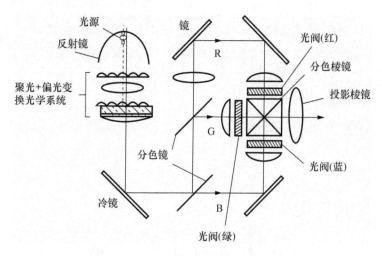

图 4-32　三片透射型液晶投影仪的光学系统

三、DLP 投影技术

数字光学处理(Digital Light Processing,DLP)投影是由美国德州仪器公司开发的一种专利技术,工作原理与 LCD 投影技术有很大不同,其核心是数字微镜器件(Digital Micromirror Device,DMD),光线被 DMD 微反射镜矩阵芯片反射出来而成像。

根据 DLP 投影机中包含的 DMD 数字微镜的片数,DLP 投影机分为单片 DLP 投影机,两片 DLP 投影机和三片 DLP 投影机三种类型。其中单片 DLP 投影应用最广。

单片 DLP 投影机只包含有一片 DMD 芯片,这个芯片其实就是在一块硅晶片的电子节点上紧密排列着许多片微小的正方形反射镜片,这里的每一片反射镜片都对应着生成图像的一个像素,所以如果一个数字微镜 DMD 芯片中包含的反射镜片的片数越多,那么对应 DMD 芯片的 DLP 投影机所能达到的物理分辨率就越高。

DMD 微镜在工作时由相应的存储器控制在两个不同的位置上进行切换转动。当光源投射到反射镜片上时,DMD 微镜就通过由排列为"红、绿、蓝、红、绿、蓝"的六色块组成的滤色轮来产生全色彩的投影图像。

色轮以 60 转/秒的速度在旋转着,这样就能保证光源发射出来的白色光变成红绿蓝三色光循环出现在 DMD 微镜的芯片表面上。当其中某一种颜色的光投射到 DMD 微镜芯片的表面后,DMD 芯片上的所有微镜,根据自身对应的像素中该颜色的 深浅,决定了其对这种色光处于开位置的次数,也即决定了反射后通过投影镜头投射到屏幕上的光的数量,也就是说,利用镜片的占空比来控制光的亮度。当其他颜色的光依次照射到 DMD 表面时,DMD 表面中的所有微镜将极快地重复上面的动作,利用人眼的时间混色特性,最终表现出来的结果就是在投影屏幕上出现彩色的投影图像。

任务五 数字电视技术

数字电视是一个系统,它是指从电视节目采集、制作、编辑、播出、传输、用户端接收乃至于显示等全过程的数字化,换句话说就是在系统的所有传输与处理过程中,信号全是由 0、1 组成的数字流。

一、数字电视的组成

一个完整的实在电视系统包括信源编码/解码、信道编码/解码、系统复用/解复用、数字调制/解调等(见图 4-33)。

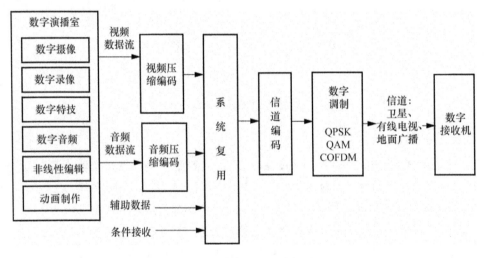

图 4-33 数字电视组成框图

二、数字电视原理

(1)数字信号的数字化。

(2)数字电视信号的信源编码。

(3)数字电视的复用系统。

(4)数字电视系统的信道编码及调制。

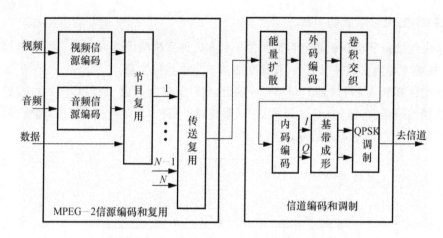

图 4-34 DVB－S 标准中信源编码和信道编码框图

任务六 数字电视机顶盒

数字电视机顶盒的主要功能是将接收下来的数字电视信号转换为模拟电视信号,使用户不用更换原模拟电视机就能收看数字电视节目。

一、数字电视机顶盒的分类

根据传输媒体的不同,数字电视机顶盒又分为数字卫星机顶盒(DVB－S)、地面数字电视机顶盒(DVB－T)和有线电视数字机顶盒(DVB－C)三种。

二、数字电视机顶盒的功能

除基本的接收数字电视广播的功能外,数字电视机顶盒还可以实现以下功能:

(1)电子节目指南(EPG)。为用户提供一种容易使用、界面友好、可以快速访问想看节目的方式,用户可以通过该功能看到一个或多个频道甚至所有频道近期将播放的电视节目。

(2)高速数据广播。能给用户提供股市行情、票务信息、电子报纸、热门网站等各种信息。

(3)软件在线升级。软件在线升级可看成是数据广播的应用之一。数据广播服务器按 DVB 数据广播标准将升级软件传播下来,机顶盒能识别该软件的版本号,在版本不同时接收该软件,并对保存在存储器中的软件进行更新。

(4)因特网接入和电子邮件。数字机顶盒可通过内置的电缆调制解调器方便地实现因特网接入功能。用户可以通过机顶盒内置的浏览器上网,发送电子邮件。同时机顶盒也可以提供各种接口与 PC 相连,再通过 PC 与因特网连接。

(5)有条件接收。有条件接收的核心是加扰和加密,数字机顶盒应具有解扰和解密功能。

三、数字电视机顶盒的组成

一个完整的数字电视机顶盒包括硬件平台和软件系统两大部分。除了数字电视信号的解调、音视频的解码由硬件完成外,其他功能基本上由软件实现。

机顶盒由高频头(调谐器)、QAM 解调器,TS 流解复用器、MPEG-2 解码器、PAL/NTSC 视频编码器、音频 D/A、嵌入式 CPU 系统和外围接口、条件接收(CA)模块等组成,具有交互功能的机顶盒则需要回传通道(见图 4-35)。

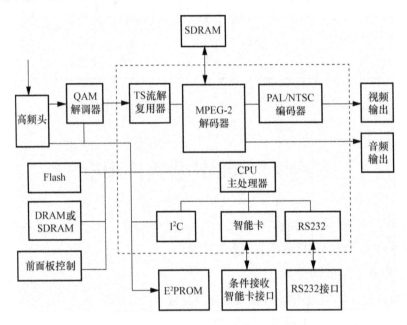

图 4-35　数字电视机顶盒硬件框图

任务七　3D 电视

3D 电视是三维立体影像电视的简称。三维立体影像电视利用人的双眼观察物体的角度略有差异,因此能够辨别物体远近,产生立体的视觉这个原理,把左右眼所看到的影像分离,从而令用户体验立体感觉。

一、3D 电视简介

3D 是 Three-Dimensional 的缩写,就是三维立体图形。由于人的双眼观察物体的角度略有差异,因此能够辨别物体远近,产生立体的视觉。三维立体影像电视正是利用这个原理,把左右眼所看到的影像分离,同时能兼容 2D 画面。

二、3D 电视特色

当你在看电视时,突然发现:英国 100 多年前的连环杀手——开膛手杰克,行凶时竟然没有出现在伦敦的黑暗角落,而是在你家的客厅;"飞人"博尔特脱离了比赛的赛道,犹如一阵风般在你的身边"飘"过;体型庞大的恐龙从远古时代复活,气势汹汹地向你迎面扑来……无论是现代的还是古代的,无论是人类还是动物,似乎都"耐不住寂寞",统统"跑出"电视屏幕来。不过不用怕,这只不过是3D电视的效果罢了。随着技术的飞速发展,3D电视已经进入家庭(见图 4-36)。

图 4-36　3D 电视效果

三、立体实现方法

(一)技术分类

3D 显示技术可以分为眼镜式和裸眼式两大类。裸眼 3D 目前主要用于公用商务场合,还可应用到手机等便携式设备上。而在家用消费领域,无论是显示器、投影机或者电视机,现在都是需要配合 3D 眼镜使用(见图 4-37)。

图 4-37　3D 电视

在眼镜式 3D 技术中,我们又可以细分出三种主要的类型:色差式、偏光式、主动快门式和不闪式,也就是平常所说的色分法、光分法和时分法。

1. 色差式 3D 技术

色差式 3D 技术,英文为 Anaglyphic 3D,配合使用的是被动式红－蓝(或者红－绿、红－青)滤色 3D 眼镜。这种技术历史最为悠久,成像原理简单,实现成本相当低廉,眼镜成本仅为几块钱,但是 3D 画面效果也是最差的。色差式 3D 先由旋转的滤光轮分出光谱信息,使用不同颜色的滤光片进行画面滤光,使得一个图片能产生出两幅图像,人的每只眼睛都看见不同的图像。这样的方法容易使画面边缘产生偏色。由于效果较差,色差式3D技术没有广泛使用。

2. 偏光式3D技术

偏光式3D技术也叫偏振式3D技术,英文为Polarization 3D,配合使用的是被动式偏光眼镜。偏光式3D技术的图像效果比色差式好,而且眼镜成本也不算太高,目前比较多电影院采用的也是该类技术,不过对显示设备的亮度要求较高。

偏光式3D是利用光线有"振动方向"的原理来分解原始图像的,先通过把图像分为垂直向偏振光和水平向偏振光两组画面,然后3D眼镜左右分别采用不同偏振方向的偏光镜片,这样人的左右眼就能接收两组画面,再经过大脑合成立体影像。

偏光式3D系统主要有RealD 3D、MasterImage 3D、杜比3D三种,RealD 3D技术市场占率最高,且不受面板类型的影响,可以使任何支持3D功能的电视还原出3D影像。在液晶电视上,应用偏光式3D技术要求电视具备240Hz以上刷新率。

3. 快门式3D技术

快门式3D技术,英文为Active Shutter 3D,配合主动式快门3D眼镜使用。这种3D技术在电视和投影机上面应用得最为广泛,资源相对较多,而且图像效果出色,受到很多厂商推崇和采用,不过其匹配的3D眼镜价格较高。

快门式3D主要是通过提高画面的刷新率来实现3D效果的,通过把图像按帧一分为二,形成对应左眼和右眼的两组画面,连续交错显示出来,同时红外信号发射器将同步控制快门式3D眼镜的左右镜片开关,使左、右双眼能够在正确的时刻看到相应画面。这项技术能够保持画面的原始分辨率,很轻松地让用户享受到真正的全高清3D效果,而且不会造成画面亮度降低。包括三星、松下、索尼、海尔、夏普、长虹等品牌推出的3D电视,都是采用主动快门式3D技术。

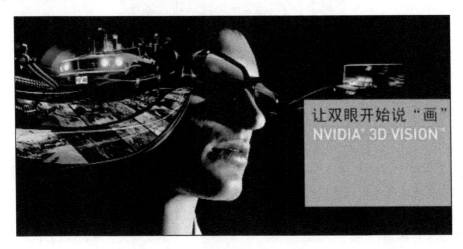

图 4-38

快门式缺点:(1)戴上眼镜之后,亮度减少较多;(2)3D眼镜的开合频率与日光灯等发光设备不同,在明亮房间观看舒适性低;(3)3D眼镜快门的开合与左右图像不完全同步,会出现串扰重影现象;(4)快门式3D液晶电视的可视角度小;(5)快门式3D眼相对较贵,并且需要安装电池或充电使用。

(二)不闪式3D技术

1.不闪式的原理

任何一种3D显示技术都有一个先决条件,那就是观看者的左右眼必须看到对应的视差画面。和快门式3D技术把切换左右眼视差画面的装置放置在眼镜端不同,不闪式3D在电视的面板端就实现了左右眼画面的分离。具体做法是在液晶面板前贴上一层具有高科技含量的偏振膜,电视机显示的左右眼视差画面经过偏振膜之后,分别变成方向不同的偏振光,这样只需要佩戴不闪式3D眼镜,观众的每个眼睛就可以看到对应的视差画面,从而形成立体视觉。不闪式3D技术在面板端就已经实现了左右眼画面的分离,因此不存在3D模式下刷新率降低的问题,画面闪烁;3D眼镜也无须复杂的结构,且成本低廉、轻便,佩戴更加舒适等。

2.不闪式3D的优越性

(1)没有闪烁,能体现让眼睛非常舒适的3D影像。不闪式3D没有电力驱动,可舒适佩戴眼镜并且全然没有闪烁感。因此可以尽情享受让眼睛非常舒适的3D影像。看实际测量闪烁程度的数据就能知道数据几乎是零,不会有头晕的状态出现。

(2)可视角度广,观看不闪式3D电视时只要是在推荐距离内,在任何角度观看,它的画面效果、色彩表现力都不打折扣,可以在没有角度限制的情况下去享受完美震撼的3D影像。

(3)能够用轻便舒适的眼镜享受3D影像。不闪式3D眼镜轻便、价格合理,还可以使用夹套眼镜让配戴眼镜的人也能舒服使用。

(4)体现没有重叠画面的3D影像。画面重叠现象是因为右侧影像进入左侧眼睛或左侧影像进入右侧眼睛而发生的。不闪式3D所使用的特殊薄膜分离左右影像后体现3D影像,所以不会发生画面重叠现象享受好像看到活生生的真实物体的立体影像。通过实际测量画面重叠的数据就能知道不闪式3D的重叠数据是人无法感知的水平。

图 4-39

(5)体现没有画面拖拉现象的高清晰3D影像。不闪式3D能够体现1秒钟240张3D合成影像。所以在相同的时间里,不闪式3D能表现更多的画面情报而体现没有拖拉的高清晰立体影像。

有关视角方面,在视听推荐距离内观看时不闪式 3D 全然不成问题。比如,除了在一米以内站着、坐着或者用非常不正常的姿势观看电视以外,在 3D 电视视听推荐距离内观看是没有任何问题的。

(三)裸眼式 3D

以上三种方法都需戴眼镜观看,有些人会觉得麻烦。不戴眼镜的裸眼式 3D 相对比较方便,但对观看者的位置有很一定限制或对终端设备的要求会很高。到目前为止,此种方法的技术原理比较完善,低等级的终端设备分辨率比较低,观看位置限制大;而高等级的终端设备的成本很高,还不能使其市场化。一些大尺寸的商用机型会在公共场所得到应用。

无论是三星的主动快门式 3D 技术还是 LG 的不闪式 3D 技术,都需要佩戴眼镜观看,真正裸眼式 3D 技术才是人们向往的。

四、3D 电视优缺点

(一)优势

与 3D 电影相比,3D 电视具有更加明显的优势。观看 3D 电影时,观众必须戴上沉重的特殊眼镜才能看到电影。而随着 3D 技术的不断精进,搬进家庭客厅的 3D 电视机,在不需要配戴眼镜的情况下也可用肉眼很好地观看。即将推出的 3D 电视机,可裸眼体验立体效果。

(二)缺点

1. 易致"眼疲劳"

健康和安全也是 3D 立体显示急需攻克的难题。研究结果显示,观众在观看立体影像时,由于眼睛会迅速地来回移动,因而容易造成眼睛疲劳。

2. 价格偏贵

随着技术的进步,成本价格也在迅速下降,3D 电视机会逐步已经走进我们的家庭。

3. 引发一些严重疾病

收看 3D 电视对身体健康不利,存在一系列与这项技术相关的潜在危害性。

图 4-40　3D 电影《阿凡达》

收看 3D 电视可能引发的一些严重疾病,其中最严重的疾病为中风。另外,因收看 3D 电视可能产生的身体不适,特别是对儿童和青少年来说更是如此,其中包括视力下降、头晕、视线模糊、眼睛或肌肉等出现不自主的抽动、恶心、抽搐、痉挛、方向障碍以及意识丧失等。

收看 3D 电视还会产生运动障碍、意识方面的一些后遗症、眼睛干涩、身体平衡性下降、头痛和乏力等身体不适症状,在身体疲劳或不适的时候不要收看 3D 电视。

五、3D 发展历史

1903 年,科学家发现了"视差创造立体"的原理。当电视出现后,人们就开始着手研制立体电视,传统的用于观察静止图像或电影图像的立体显示方法几乎全部被应用到立体电视技术中。在早期的黑白电视时代,比较成功的立体电视是由两部电视摄像机拍摄影像并用两个独立的视频信道传输到两部电视机,每部电视机的屏幕上安置一块偏光板,然后用偏光眼镜去观察,这样的立体电视统可以获得较好的立体图像。这种双信道偏光分像立体电视技术至今仍然是公认的一种质量较好的立体电视系统。20 世纪 50 年代,彩色电视技术发展到接近实用的阶段,"互补色立体分像电视技术"开始应用于立体电视。基本方法是用两部镜头前端加装滤光镜的摄像机去拍摄同一场景图像,在彩色电视机的屏幕上观众看到的是两副不同颜色的图像相互叠加在一起,当观众通过相应的滤光镜观察时就可以看到立体电视图像。这种立体电视成像技术兼容性好。但存在的问题也十分明显,首先由于通过滤光镜去观察电视图像,彩色信息损失极大。其次是彩色电视机本身的"串色"现象引起干扰,同时由于左、右眼的入射光谱不一致,易引起视觉疲劳。德国、美国、日本走在 3D 电视发展的前沿。我国对立体电视技术的研究也已有 20 年的历史,2001 我国第一台立体电视在海信研发成功。

六、3D 电视的发展现状

(一)3D 领域各企业动态

继索尼、三星、三菱、LG 等日韩等公司推出 3D 电视后,国内的海信、海尔、康佳、长虹、TCL 彩电企业,也成功推出了 3D 平板电视。

1. 三星电视

三星电子开始大批量的生产 3D LED 电视和 3D LCD 电视。

图 4-41 三星超薄 LED 9000 系列 3D 液晶电视

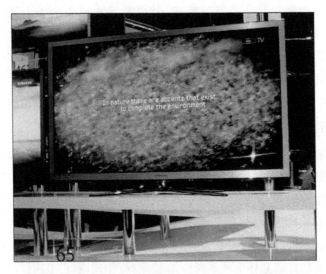

图 4-42　三星高端超薄 LED 8000 系列 65 寸 3D 液晶电视

图 4-43　三星 55 寸 3D 液晶电视

图 4-44　三星 3D 家庭影院系统演示

2.松下电视

2010 年 1 月,松下公司宣布已经开发出全球最大的 152 英寸,拥有 4K 超高清分辨率、支持 3D 显示的等离子电视。

图 4-45　松下 152 英寸 3D 等离子电视

3.TCL

TCL 多角度裸眼 3D 电视墙如图 4-46 所示。

图 4-46　TCL 裸眼 3D 电视墙

4. 东芝 2D—3D 影像转换技术

东芝公司推出了具有"2D—3D 影像转换"技术的 CELL TV 系列 LED 电视。CELL TV 可以把目前所有普通 2D 内容转化成 3D 效果输出,包括电视节目、DVD、蓝光,甚至是通过电视输入的 2D 游戏。

(二)3D 电视急需解决的问题

(1)制定统一标准。

作为一种新型的显示技术,3D 技术目前正处于蓬勃发展的阶段,但是整个 3D 行业却无统一标准。

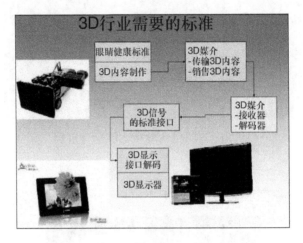

图 4-47

(2)3D 使部分观众眩晕。

3D 画面是虚实交汇的,这些动感的虚画面会让人们聚焦眼球很困难,长时间观看很容易出现头晕、头痛。另外,电影院内光线比较暗,观众瞳孔自然就会放大,另外 3D 画面对于眼睛刺激性也特别大,眼压也会随之升高,出现眼干、眼痛等症状。

(3)3D 资源不足。

(4)戴 3D 眼镜有诸多不便,舒适度差。

图 4-48 3D 眼镜

任务八 智能电视

一、智能电视概述

所谓智能电视,是指像智能手机一样,具有全开放式平台,搭载了操作系统,可以由用户自行安装和卸载软件、游戏等第三方服务商提供的程序,通过此类程序来不断对彩电的功能进行扩充,并可以通过网线、无线网络来实现上网冲浪的这样一类彩电的总称。

目前智能电视的到来,顺应了电视机"高清化""网络化""智能化"的趋势。所谓真正的智能电视,应该具备能从网络、AV 设备、PC 等多种渠道获得节目内容,通过简单易用的整合式操作界面,简易操作将需要的内容在大屏幕上清晰地展现。

智能电视硬件技术的升级,一是高性能芯片和各种软件程序;其次,智能电视是一款可定制功能的电视,软件不断升级;第三,智能电视与其他电子设备构成云网络。"智能电视",拥有传统电视不具备的应用平台:智能电视将实现网络搜索、IP 电视、BBTV 网视通、视频点播(VOD)、数字音乐、网络新闻、网络视频电话等各种应用服务。电视机正在成为继计算机、手机之后的第三种信息访问终端,用户可随时访问自己需要的信息;电视机也将成为一种智能设备,实现电视、网络和程序之间跨平台搜索;智能电视还将是一个"娱乐中心",用户可以搜索电视频道、录制电视节目、能够播放卫星和有线电视节目以及网络视频。

二、技术标准

中国智能多媒体终端技术联盟(简称"中智盟")于 2011 年 5 月 6 日成立深圳,是由TCL、长虹、海信三家智能终端龙头企业按照"自愿、平等、合作"的原则发起、组织的技术共同体,是围绕智能终端产业链相关技术和服务,开展联合研发、推广应用、产业标准化、产业链建设等工作的行业性、非营利性企业联盟。

该联盟主要目的就是期望站在产业的高度上建立起中国企业自己的技术标准,给消费者和开发者带来品牌和技术的保障。该联盟将主要开展几个方面的工作:(1)智能电视应用程序商店技术标准;(2)智能电视互联互通应用规范标准;(3)智能电视操作系统技术规范标准。后续还将逐步制定智能手机、智能平板等各种智能多媒体终端技术标准。

三、智能电视操作系统

1. Android 智能操作系统

Android 也叫安卓,是 Google 开发的基于 Linux 内核的软件平台和操作系统,最开始是只在手机、平板电脑等移动终端领域应用,目前在智能电视也得到了广泛应用。如创维E9R6S 系列智能 3D 电视就搭载 Android 智能操作系统实现了全网络浏览器、网页视频点播、下载安装第三方应用程序及智能操控等。Android 系统最大的优势就是其系统开放性、服务的免费性和与互联网实现对接。

图 4-49　创维智能电视 Android 操作系统

图 4-50　创维智能电视 Android 操作系统

　　采用 Android 操作系统的智能电视,将可以实现海量资源与超大显示屏的视听、游戏体验相结合。基于 Android 系统平台,智能电视可以变身为网页浏览器、全键盘输入、自动更新软件、下载安装各类应用以及自动同步信息等等。同时,通过功能扩展,还可以实现在线观看、点播下载视听节目、玩网络和电视游戏、视频聊天、收发邮件等诸多需求。

　　2. TCL V8200 系列使用 Windows/Android＋双系统

　　Android 系统虽然强大,但毕竟是为移动设备开发的操作系统,考虑到此,TCL 推出了基于 Windows 和 Android＋双操作系统的超级智能电视 V8200 系列产品。该操作系统不同于普通的 Adroid 系统,而是针对电视的产品形态对 Android 进行深度开发,让他更适合电视产品使用。

　　TCL 超级智能电视的 Windows 和 Android＋系统不但继承了 Android 系统的开放特性,还在创新实现了 Mitv3.0 智能 UI 交互界面,在操作习惯上更贴近人们熟悉的 Windows

操作方式,并且采用三维呈现方式,是真正的 3D 人机交互操作界面,这样一来就解决了普通智能电视操作烦琐、复杂等弊端。

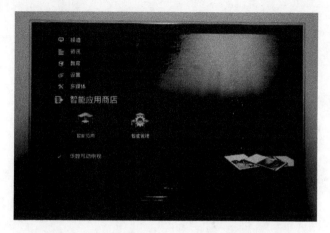

图 4-51 TCL 电视 Windows/Android＋双操作系统

图 4-52 TCL 电视 Windows/Android＋双操作系统

TCL V8200 超级智能互联网电视实现了非常丰富的功能,包括了无线体感遥控器、智能语音搜索及控制、智能手机遥控、3D 体感游戏、视频通讯、应用程序商店、全功能浏览器、无限互联互通、教育综合、网络频道、PC 对战游戏、语音小管家等特色功能,完全满足了现代消费者的娱乐需求。

TCL 超级智能电视还引入基于云端的语音识别和语音合成技术,使得电视不仅能听懂用户说话,做出反应,而且还能说,比如朗读时事新闻、读报、读杂志等,实现了真正的人机交互。硬件方面采用了超级智能单芯片和智芯 3D 引擎,使电视运算能力大幅增强,3D 效果更加出色。

3.搭载第二代 OMI 操作系统——康佳智能 3D 电视

康佳第二代 OMI 操作系统是由康佳集团积 30 年研发实力,由国家级智能电视实验室的 187 名工程师历时两年零三个月推出的第二代智能电视操作系统,是康佳专为智能电视开发的、基于 Linux 平台开源电视操作系统的简称,该平台由操作系统、中间件、用户界面和应用软件组成。

图 4-53　康佳电视第二代 OMI 智能操作系统

图 4-54　康佳电视第二代 OMI 智能操作系统

康佳智能电视——锐族馆有三大特点:一是人性化,一切以消费者为中心,操作方便;二是智能性,可深度满足用户的各种娱乐需求;三是平台无边界,消费者可任意开发,共享各种程序软件,将 QQ、office 等应用功能都装载到电视上,全世界的程序员都可以为这台电视机开发新的应用和功能。

目前锐族馆已拥有 1000 多个应用程序以及 200 多款高清体感游戏,通过康佳网锐智能电视用户可以下载包括游戏、影视、工具、生活、学习、信息等在内的海量丰富应用,满足包括娱乐、资讯、游戏和社交在内的多种需求。康佳网锐智能电视在上网的同时,还配有强大的杀毒软件——安全卫士,在遇到病毒的情况下,可自动清除病毒,同时还可对智能电视进行全面检测、文件扫描、系统修复、垃圾清理等众多功能,让电视永远处于安全的环境下运行。

为了全面满足消费者对 3D 内容的需求,康佳还于内容商进行合作,携手新媒体视听内容商百视通,为用户呈现出精彩丰富的 3D 视频内容及应用,并提供全程免费的在线 3D 片源服务。

任务九　认识液晶电视机的实物电路

电视机的发展中,LCD 液晶电视机是主流使用的彩色电视机,CRT、PDP 彩色电视机逐步淘汰,激光投影电视机和 OLED 电视机逐步走进家庭。

液晶平板电视机在维修维护中,主要采用板级维修,很有必要认识液晶电视机的各板款实物电路。下面就以长液晶电视机的几种机型,认识液晶电视机的实物电路,注意液晶电视机的开关电源增加了 PFC 电路,背光驱动也分为 CCFL 冷阴极射线管和 LED 发光二极管背光源的液晶电视机。

一、电源板、主板、屏驱动板(逻辑板)、逆变器分离的液晶电视

(1)电源板、主板、屏驱动板(逻辑板)、逆变器分离的液晶电视机实物电路,如图 4-55、图4-56 所示。

脚位	1	2	3	4、5	6、7、8	9、10	11、12
功能	亮度	电源开关	背灯开关	地	5Vstb	地	12V
电压	5V	4.5V	4.3V	0	5V	0	12V

图 4-55　电源板、主板、屏驱动板(逻辑板)、逆变器分离的实物电路板

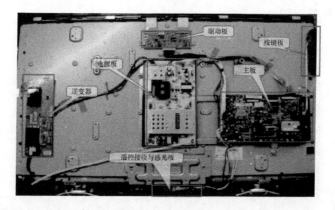

图 4-56　电源板、主板、屏驱动板(逻辑板)、逆变器分离的实物电路板

（2）方框电路见图 4-57。

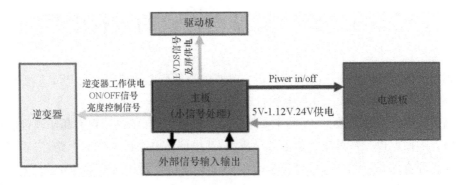

图 4-57 电源板、主板、屏驱动板（逻辑板）、逆变器分离的方框图

二、电源与逆变器二合一液晶电视机

（1）实物电路见图 4-58。

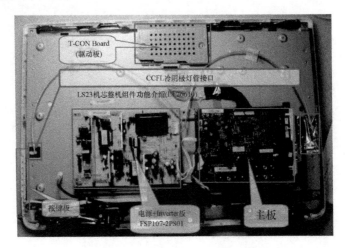

图 4-58 电源和逆变器二合一实物电路

（2）方框电路见图 4-59。

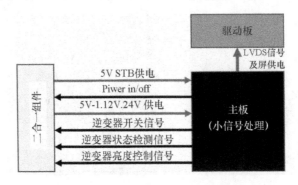

图 4-59 二合一组件液晶电视机方框图

三、电源与逆变器二合一、主板与驱动板二合一的液晶电视机

（1）实物电路见图 4-60。

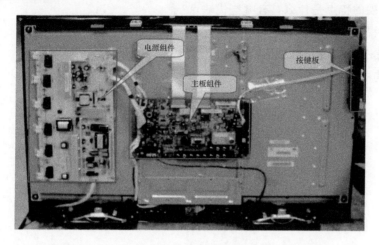

图 4-60 电源与逆变器、主板与驱动板二合一实物电路

（2）方框电路见图 4-61。

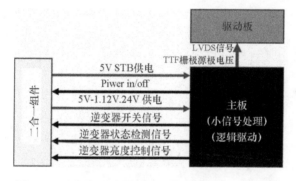

图 4-61 电源与逆变器、主板与驱动板二合一方框图

 复习与思考

1.大屏幕彩色显像管采用了哪些新技术？

2.新型彩色电视机在画质改善上采用了哪些新技术？

3.液晶特点和种类有哪些？

4.液晶显示器的原理是什么？

5.画出液晶彩色电视机的方框组成图。

6.等离子显示器的原理什么？

7.投影显示的原理及种类？

8.画出数字电视系统的方框组成。

9.数字电视机顶盒的作用是什么?

10.画出数字电视机顶盒的方框组成。

11.3D 电视的特点是什么? 有哪些优缺点?

12.3D 电视的种类有哪些?

13.什么是智能电视? 有哪些特点?

14.智能电视的操作系统有哪些?

附录一 μpc 三片黑白电视机集成块参考数据表

表1 μpc1031H2 集成块引脚作用及引脚参考数据(万用表型号:MF47 型、量程:1 kΩ)

引脚	引脚作用	电压 (V)	对地电阻 红笔接地 (kΩ)	对地电阻 黑笔接地 (kΩ)	引脚电阻 红笔接 8 脚 (kΩ)	引脚电阻 黑笔接 8 脚 (kΩ)
1	场扫描输出(到场偏转线圈)	6.2	9	8.5	9.2	7.8
2	电源+12V	12	0	0	11.5	7.4
3	接自举电容	11	0.4	0.4	11.5	7.6
4	场振荡输出	5	4.5	4.5	17	∞
5	场同步信号输入	0.4	2.6	2.6	∞	46
6	外接场频调整元件	3	11	11	13	12
7	场振荡整形输入	5	12	32	18	33
8	地	0	0	0	0	0
9	场反馈输入	6.1	9.5	9.5	11	10
10	接电源	12	0	0	∞	11.5

表2 upc1366C 集成块引脚作用及引脚参考数据(万用表型号:MF47 型、量程:1 kΩ)

引脚	引脚作用	电压 (V)	对地电阻 红笔接地 (kΩ)	对地电阻 黑笔接地 (kΩ)	引脚电阻 红笔接 8 脚 (kΩ)	引脚电阻 黑笔接 8 脚 (kΩ)
1	38MHz 调谐线圈	9.1	1	1.1	11.6	7.4
2	AGC 工作状态选择	0	0	0	25	13
3	全电视信号和伴音信号输出	3.4	1	1	∞	9
4	AGC 时间常数	2	11	9.5	15	9.5
5	高放 AGC 延时调整	6.1	2	2	13.5	∞
6	高放 AGC 电压输出	3	2	2	15	12.8
7	电源+11.5V	11.5	0	0	9.5	5.5
8	中频信号输入	5.5	9.5	10	9.5	9.5
9	中频信号输入	5.5	9.5	10	9.5	9.5
10	中频信号退耦	5.6	8.5	8.9	8.5	8.5
11	中频信号退耦	5.6	8.5	8.9	8.5	8.5

续表

引脚	引脚作用	电压（V）	对地电阻红笔接地（kΩ）	对地电阻黑笔接地（kΩ）	引脚电阻红笔接 8 脚（kΩ）	引脚电阻黑笔接 8 脚（kΩ）
12	内部稳压输出	7.1	0.2	0.2	11.8	6.4
13	地	0	0	0	0	0
14	38MHz 调谐线圈	9.1	1	1	11.5	7.4

表 3 upc1353C 集成块引脚作用及引脚参考数据（万用表型号：MF47 型、量程：1 kΩ）

引脚	引脚作用	电压（V）	对地电阻红笔接地（kΩ）	对地电阻黑笔接地（kΩ）	引脚电阻红笔接 8 脚（kΩ）	引脚电阻黑笔接 8 脚（kΩ）
1	外接陶瓷滤波器（鉴频器用）	3.8	5	5	4.5	4.5
2	外接陶瓷滤波器（鉴频器用）	3.8	12	16.5	18	∞
3	外接去加重电容	6.4	5.5	5.5	8.9	7.5
4	电子音量控制器电路输出端	8.6	0.3	0.3	9.5	9.5
5	内部稳压器的电源供给输出	8.6	0.3	0.3	4	4
6	接退耦电容	6.6	19	11	17	12
7	音频信号输入	6.5	14	8.9	12.8	9
8	音频放大 OTL 中点	7.1	15	7.5	16	7.5
9	接自举电容	7.2	19	7.5	17.2	8.6
10	功放级电源供给	16	17	6.5	15.2	6.6
11	接反馈电容	8	20	15	18.2	14
12	6.5MHz 第二伴音中频信号输入	2.2	11	12	12.6	∞
13	6.5MHz 第二伴音中频信号输入	2.2	11	11	11.8	11.5
14	直流音量控制	0.7	11	12.5	15.5	13

说明：电压，是无信号时的静态电压。对地电阻，是电路不通电，测试引脚点和地之间的直流电阻。红笔接公共端地，黑笔接被测引脚（为正测）的阻值填于相应空格，黑笔接公共端地，红笔接被测引脚（为反测）的阻值填于相应空格。引脚电阻，是集成块未接入电路之前，测量各引脚与接地引脚或散热片之间（有些入地端与散热片是相通的）的直流电阻。

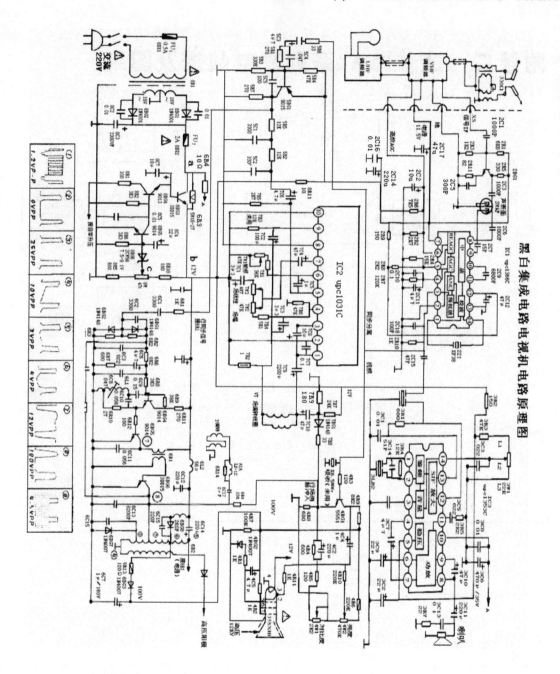

黑白集成电路电视机电路原理图

附录二 康佳"SA"系列彩电数据及图纸

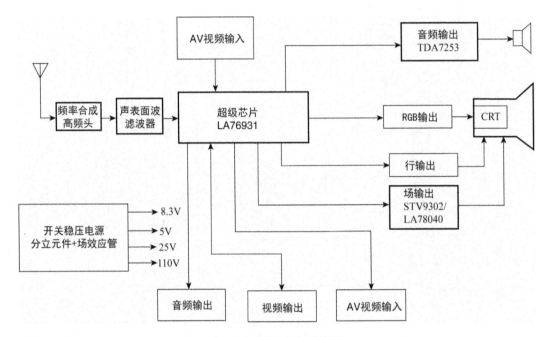

"SA"系列彩电的组成框图

一、检测参考数据

1. LA76931引脚功能表

脚号	功能	脚号	功能
①	SIF(伴音中频)输出	㉟	CPU Vcc(5V)
②	IFAGC 滤波器	㊱	POWER
③	SIF(伴音中频)输入	㊳	AGC(自动增益控制)
④	FM 滤波器	㊴	KEY(键控)
⑤	FM 输出	㊵	RESET(复位)
⑥	音频输出	㊶	PLL(锁相环)
⑦	SND APC 滤波器	㊷	CPU GND
⑧	IF Vcc(5V)	㊸	CDD Vcc
⑨	外部音频输入	㊹	FBP INPUT
⑩	ABL(自动束电流限制)	㊺	色度 C 输入
⑪	RGB Vcc(8V)	㊻	亮度 Y 输入

续表

脚号	功能	脚号	功能
⑫、⑬、⑭	R、G、B 输出	(47)	DDS 滤波器
⑮、㉓、㉔	不连接	(48)	Y 输入
⑯	场斜升波振荡电容 0.7μF	(49)	Cb 输入
⑰	场输出	(50)	4.43MHz 晶体
⑱	VCO 上基准	(51)	Cr 输入
⑲	行总线的 Vcc(9V)	(52)	所选视频输出或 FSC 输出
⑳	AFC 滤波器	(53)	色度 AFC(自动率控制)滤波器
㉑	行输出	(54)	外部视频输入
㉒	视频、色度、偏转接地端	(55)	视频、色度、偏转模块的 Vcc
㉕	SVHC 控制	(56)	INT、视频输入
㉖	REM(遥控)	(57)	黑延伸滤波器
㉗、㉘	AV2、AV1 输入	(58)	PIF APC 滤波器
㉙、㊲	不连接	(59)	AFT 输出
㉚	MUTE(静音)	(60)	视频输出
㉛	SDA(I^2C 总线数据)	(61)	RF ACC 输出
㉜	SCL(I^2C 总线时钟)	(62)	IF 接地端
㉝、㉞	XT1、XT2(32.768kHz)	(63)、(64)	RIF(图像中频)、AMP 输入

2. LA76931 典型数据

脚号	符号	功能	直流电压(V)			对地电阻值(kΩ)	
			有信号	无信号	待机	红笔接地	黑笔接地
①	SIF	(伴音中频输出)	2.2	2.1	0	12	10
②	IF AGC	IF AGC 滤波器	2.7	2.4	0	11	10
③	SIF	(伴音中频输入)	3.1	3.2	0	11.5	11
④	FH	FH 滤波器	2	2	0	11.5	11
⑤	FH. OUT	FH 输出	2.4	2.4	0	10.5	9.5
⑥	VOL. OUT	音频输出	2.3	2.2	0	2.5	3
⑦	SND APC	SND APC 滤波器	2.3	0.6	0	12	12
⑧	IF VCC	+5V 电源输入	5	5	0	0.5	0.5
⑨	AUDIO IN	外部音频输入	1.8	1.8	0	13	11
⑩	ABL	(自动束电流限制)	3.8	3.8	0.7	11	10

续表

脚号	符号	功能	直流电压（V）			对地电阻值（kΩ）	
			有信号	无信号	待机	红笔接地	黑笔接地
⑪	RGB. Vcc	RGB 电源输入	8.3	8.3	0	0.4	0.4
⑫	R OUT	R 输出	2.5	2.5	0	7	10
⑬	G OUT	G 输出	2.5	2.5	0	7	10
⑭	B OUT	B 输出	2.5	2.5	0	7	10
⑮	N. C	不连接	0	0	0		
⑯	V. RANP	场斜升波振荡电容	1.9	1.9	0	11	11
⑰	VDR. OUT	场输出	2.3	2.3	0.7	11	10
⑱	VCO	VCO 上基准	1.7	1.7	0	4.5	4.5
⑲	VCC	行总线的 Vcc	5.1	5.2	0	0.5	0.5
⑳	AFC	AFC 滤波器	2.8	2.7	0	13	11
㉑	HDR. OUT	行输出	0.5	0.5	0	9	10
㉒	GND	视频、色度、偏转地端	0	0	0	0	0
㉓	1NT0/P00	不连接	0	0	0		4
㉔	1NT1/P01	不连接	0	0	0		4
㉕	P02	SVHS 控制	5	5	5	10	4
㉖	1NT3/P03	REM（遥控）	4.9	4.9	4.9	11	4
㉗	AV2、AV1	外部接口输入	0	0	0	24	8
㉘	AV2、AV1	外部接口输入	0	0	0	24	8
㉙	P17	不连接	0	0	0	24	8
㉚	MUTE	MUTE（静音）	0	0	4.6	11	9
㉛	SDA	I^2C 总线数据	4.8	4.8	4.9	11	7
㉜	SCL	I^2C 总线时钟	4.8	4.8	4.9	11	7
㉝	XT1、XT2	时钟振荡器	0.02	0.02	0.02	25	8
㉞	XT1、XT2	时钟振荡器	2	2	2.1	23	8
㉟	CPU Vcc	CPU 电源输入	5	5	5	6	5
㊱	POWER	遥控电源开关	5	5	0	6	5
㊲	不连接	不连接	4.9	4.9	4.9	12	8
㊳	AGC	自动增益控制	2.1	4.4	0	10	8
㊴	KEY	键控	4.9	4.9	4.9	13	8
㊵	RESET	RESET（复位）	5.1	5.1	5.1	6	5.5

续表

脚号	符号	功能	直流电压(V)			对地电阻值(kΩ)	
			有信号	无信号	待机	红笔接地	黑笔接地
㊶	PLL	PLL(锁相环)	3.2	3.2	2.9	24	8.0
㊷	CPU GND	CPU 接地	0	0	0	0	0
㊸	CDD VCC	CDD 电源	5.1	5.1	0	0.4	0.4
㊹	FBP INPUT	逆程脉冲输入	0.8	0.9	0	3	3
㊺	Y/C	色度 C 输入	2.2	2.2	0	12	11
㊻	Y/C	亮度 Y 输入	2.5	2.5	0	12	11
㊼	DDS	DDS 滤波器	2.4	2.7	0	12	12
㊽	YCbCr	Y 输入	2.5	2.5	0	12	11
㊾	YCbCr	Cb 输入	1.9	1.9	0	11	10
㊿	4.43MHz	4.43MHz 晶体接入	2.6	2.6	0	12	11
(51)	YCbCr	Cr 输入	1.9	1.9	0	11	11
(52)	SVO/Fsc	所选视频输出或 FSC 输出	2.4	2.5	0	13	11
(53)	AFC	色度 AFC(自动频率控制)滤波器	2.8	2.8	0	12	11
(54)	EXT－V	外部视频输入	2.5	2.5	0	12	11
(55)	VCD VCC:5V	视频、色度、偏转模块的 Vcc	4.9	4.9	0	0.4	0.4
(56)	INT－V	INT、视频输入	2.5	2.6	0	12	11
(57)	BLACK	黑延伸滤波器	2.9	2.9	0	11	10
(58)	PIF AFC	PIF APC 滤波器	2.4	2	0	11	10
(59)	AFT. OUT	AFT 输出	1.9	4.8	0	11	8
(60)	VIDEO. OUT	视频输出	2.5	3.3	0	9	8
(61)	RF ACC	RF ACC 输出	1.9	4.4	0	10	8
(62)	IF. GND	IF 接地端	0	0	0	0	0
(63)	PIF. IN	图像中频、APM 输入	2.9	2.9	0	11	10
(64)	PIF、AMP	图像中频、APM 输入	2.9	2.9	0	11	10

3. 场输出集成电路 STV9302 检测数据

脚号	符号	功能	直流电压(V)			对地电阻值(kΩ)	
			有信号	无信号	待机	红笔接地	黑笔接地
①	+NV. IN	同相输入端	2.5	2.5	0.9	11	8
②	Vcc	电源输入端	25.2	25.2	7.7	22	5.5
③	PUMP. OUT	逆程脉冲输出	1.8	1.8	0.5	40	9
④	GND	接地端	0	0	0	0	0
⑤	VER. OUT	场扫描输出端	13.5	13.5	6.4	50	8
⑥	OUTPUT	逆程电源端	25.2	25.2	7.2		8
⑦	MONINV. IN	反相输入端	2.4	2.4	0	5	5

4. 高频头(TDS—3M3S 或 ET—5T1E—CF108)实测数据

脚号	符号	功能	直流电压(V)			对地电阻值(kΩ)	
			有信号	无信号	待机	红笔接地	黑笔接地
①	AGC	RF 自动增益控制	2	4.4	0	7.5	17
②		调谐电压测试端	0	0	0	∞	∞
③	AS/CE	—	0	0	0	0	0
④	SCL	总线时钟输入	4.8	4.8	4.9	9	12
⑤	SDA	总线数据输入/出	4.8	4.8	4.9	9	11
⑥	NC	空脚	5	5	0	∞	∞
⑦	Vcc	电源输入端	5	5	0	350Ω	350Ω
⑧	ADC/COCK	—	0	0	0	∞	∞
⑨	+33V	调谐电压输入	32.5	32.5	31.5	80	9.5
⑩	GND	接地	0	0	0	0	0
⑪	IF	中频信号输出	0	0	0	100Ω	100Ω

5. 存储器 24C08 实测数据

脚号	符号	功能	直流电压(V)			对地电阻值(kΩ)	
			有信号	无信号	待机	红笔接地	黑笔接地
①	P0	地址 0(接地)	0	0	0	0	0
②	P1	地址 1(接地)	0	0	0	0	0
③	P2	地址 2(接地)	0	0	0	0	0
④	Vss	电源接地	0	0	0	0	0

续表

脚号	符号	功能	直流电压(V)			对地电阻值(kΩ)	
			有信号	无信号	待机	红笔接地	黑笔接地
⑤	SDA	总线数据输入/出	4.8	4.8	4.9	9	11
⑥	Vss	总线时钟输入	4.8	4.8	4.9	9	12
⑦	GND	接地端	0	0	0	0	0
⑧	VDD	电源接入	5.1	5.1	5.1	4	4

6.伴音功放 TDA7253

脚号	符号	功能	直流电压(V)			对地电阻值(kΩ)	
			有信号	无信号	待机	红笔接地	黑笔接地
①	L—IN+	左声道音频输入	0	0(蓝屏)	0	∞	∞
②	L—IN—	左声道音频输入	0	0	0	∞	∞
③	MUTE	静音端	12	2.4	0.7	13	9
④	R—IN—	右声道音频输入	1.7	3.7	2	7	10
⑤	R—IN+	右声道音频输入	0.8	0.4	0	8	10
⑥	GND	接地端	0	0	0	0	0
⑦	NC1	空脚	0	0	0	∞	∞
⑧	L—OUT	左声道音频输出	9.8	0	0	0.7	0.7
⑨	VDD	电源输入端	22	23	7.5	40	5
⑩	R—OUT	右声道音频输出	0	0	0	∞	∞
⑪	NC 2	空脚	0	0	0	∞	∞

二、图纸

1.视放板电路

本电路适用机型：T21SA120、T21SA236、T21SA267、P21SA281、P21SA282、T21SA026、
T21SA073、P21SA390、T14SA120、T14SA076…等机型。

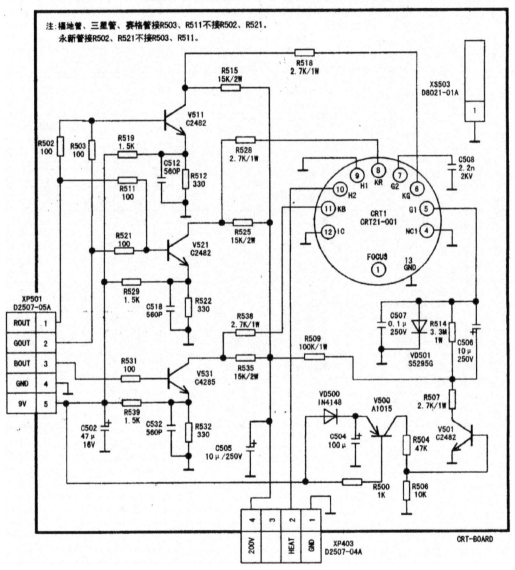

康佳"SA"系列机 CRT 末级视放板电路

2.高频头、伴音功效、外部输入/输出接口电路

本电路适用机型： T21SA120、T21SA236、T21SA267、P21SA281、P21SA282、T21SA026、
T21SA073、P21SA390、T14SA120、T14SA076…等机型。

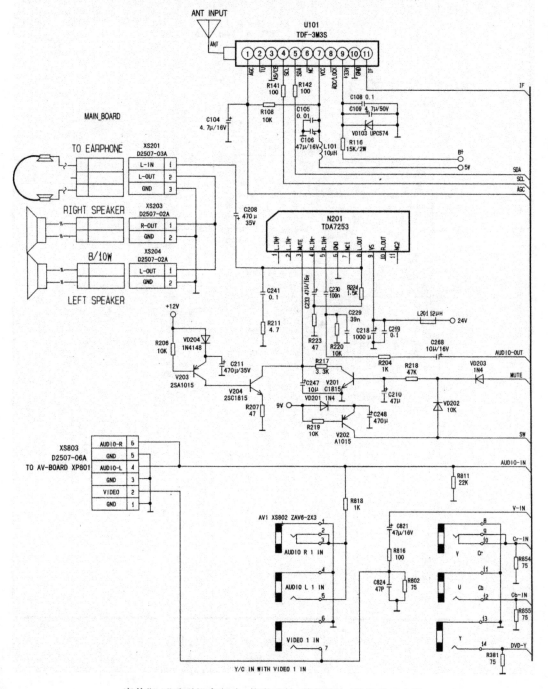

康佳"SA"系列机高频头、伴音功效、外部输入/输出接口电路

3. LA76931 外围电路

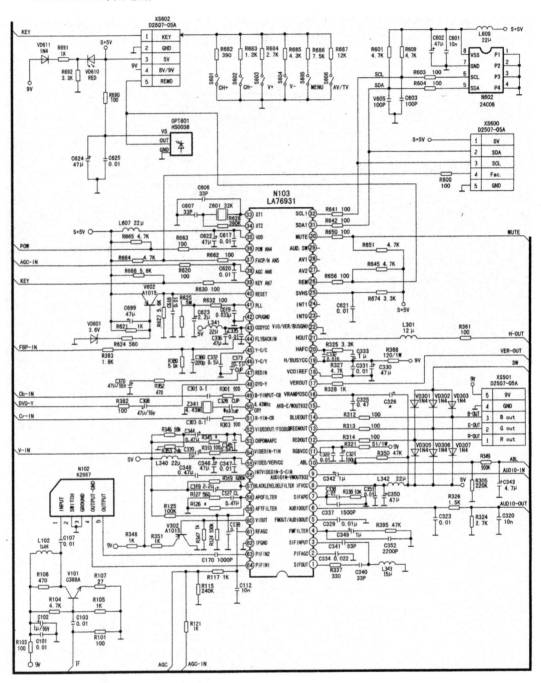

康佳"SA"系列机主芯片 LA76931 外围电路

4. LA76931 内部组成框图

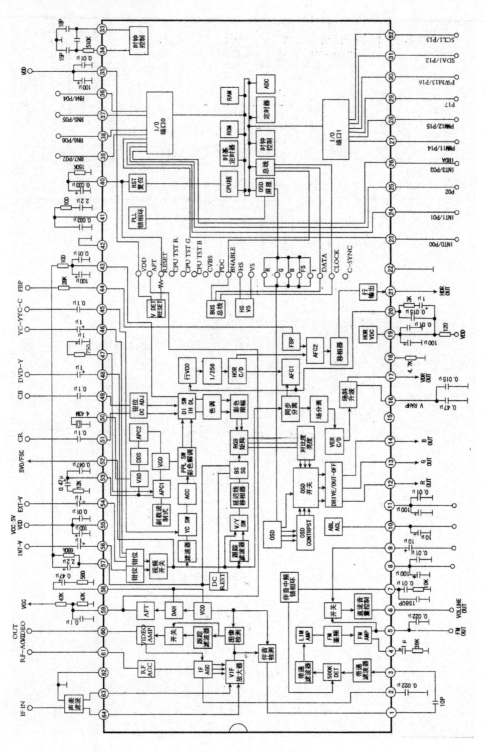

LA76931 内部组成框图

5. 开关稳压电源及行场扫描电路

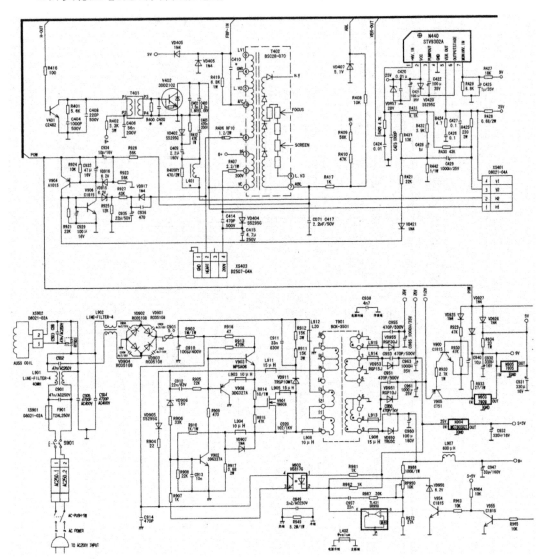

康佳"SA"系列开关稳压电源及行场扫描电路

附录三 实训机芯电路原理图

1.开关电源(一)

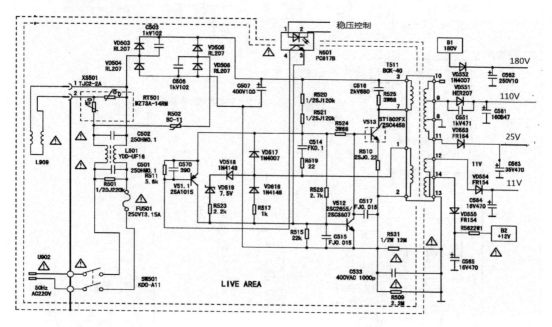

2.开关电源(二)

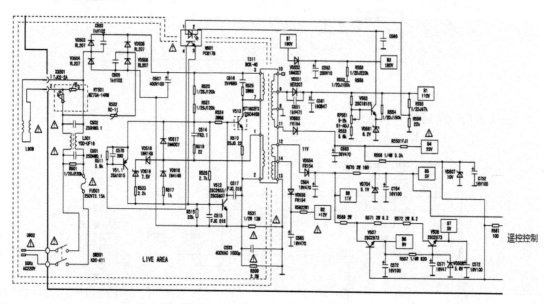

3. 调谐电压产生和遥控开关机电路

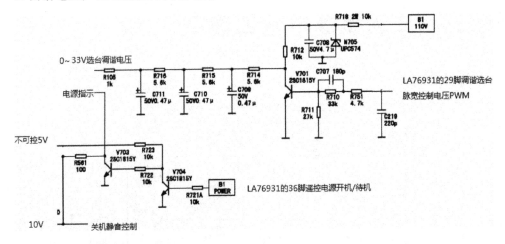

4. 高频头及预中放电路

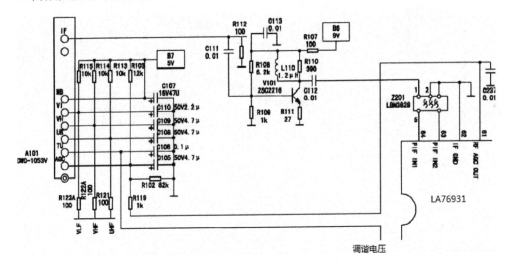

5. 面板按键及遥控接收电路

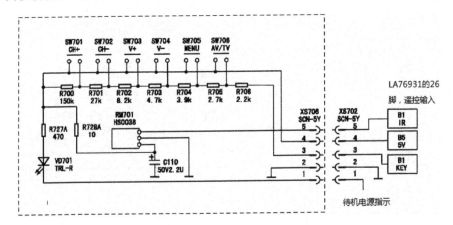

6. LA6931 的外围电路

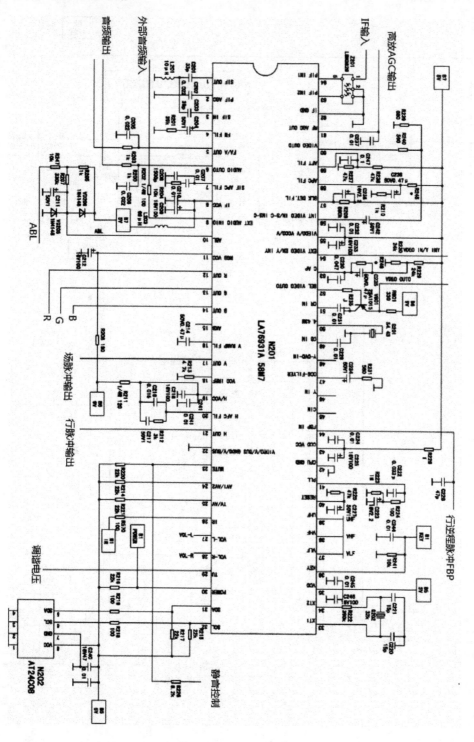

7.伴音电路

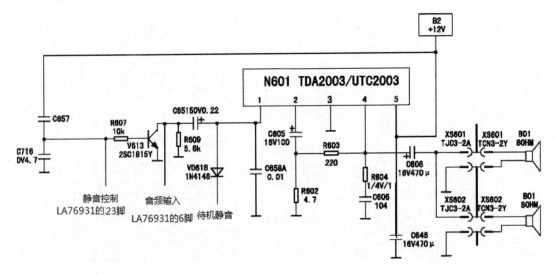

8.视放输出电路

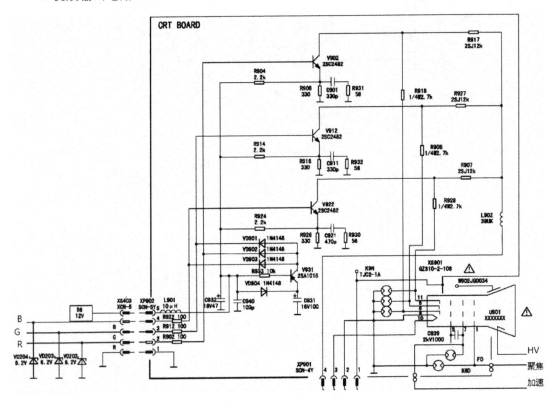

9.行扫描电路

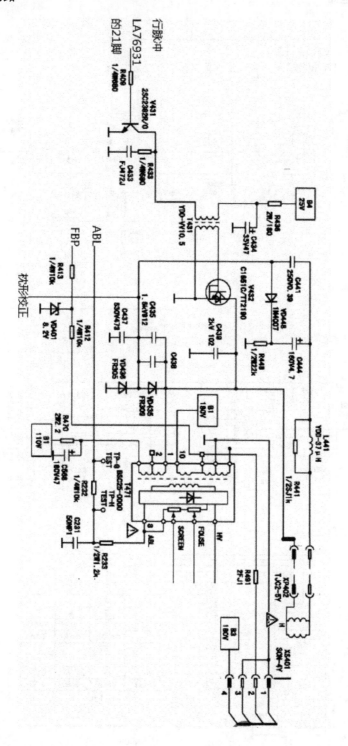

10. 场扫描电路

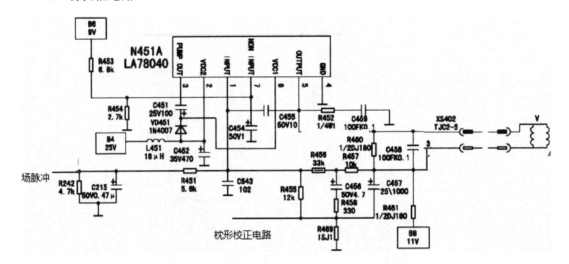

11. 枕形校正电路

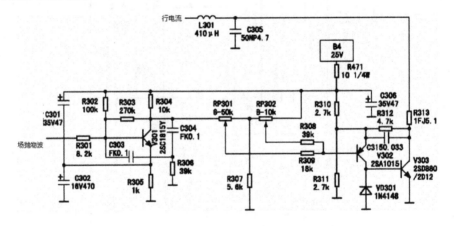

12. 遥控板电路

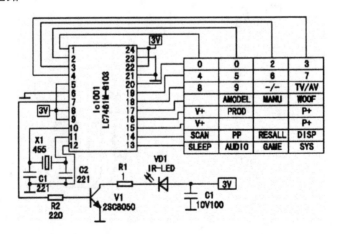

参考文献

[1]李伟辉.电视机原理(上册)、(下册)[M].北京:高等教育出版社,2004.

[2]赵理科.超级芯片电视机原理与维修[M].北京:人民邮电出版社,2004.

[3]章燮.电视机原理与维修[M].北京:高等教育出版社,2006.

[4]李小卓.彩色电视机原理与维修[M].武汉:武汉大学出版社,2016.

[5]孙宏伟.平板电视机原理与维修[M].北京:北京航空航天大学出版社,2012.